Für Emma, Hanna und Heinz.

BusinessVillage

Sabine Zehnder

MASTER OF DESASTER

Weil Aufgeben keine Option ist

BusinessVillage

Sabine Zehnder
Master of Desaster
Weil Aufgeben keine Option ist
1. Auflage 2018

Bestellnummern
ISBN 978-3-86980-440-8 (Druckausgabe)
ISBN 978-3-86980-441-5 (E-Book, PDF)

Direktbezug unter www.BusinessVillage.de/bl/1056

Bezugs- und Verlagsanschrift
BusinessVillage GmbH
Reinhäuser Landstraße 22
37083 Göttingen
Telefon: +49 (0)551 2099-100
Fax: +49 (0)551 2099-105
E-Mail: info@businessvillage.de
Web: www.businessvillage.de

Layout und Satz
Sabine Kempke

Hintergrund (Mauer) auf dem Umschlag
© Vladimirovic, www.istockphoto.com

Autorenfoto
© Uwe Klössing im Auftrag der Agentur Werdewelt

Druck und Bindung
www.booksfactory.de

Inhalt

Über die Autorin

Sabine Zehnder ist der Master of Desaster. Geboren 1978 nahe Würzburg, studierte sie technische Informatik mit Studienschwerpunkt Automatisierungstechnik in Würzburg. Als Unternehmensberaterin ist sie Spezialistin dafür, schwierige Projekte aufzuräumen - in der IT-Branche. Doch schnell erkannte sie, dass das, was bei Bits und Bytes funktioniert auch im wirklichen Leben hilfreich ist. Und so ist die IT-Beraterin zum Coach geworden und zeigt wie man das tägliche Chaos - genannt Leben - eigenständig und unkonventionell managed. Ihre zweijährige Ausbildung zum Diplom-Coach absolvierte sie nebenberuflich in Österreich, wo Coaching ein anerkannter Beruf ist.

Privat erforderte ihr sehr spezieller Lebenslauf sehr früh die Eigenschaft, Probleme eigenständig zu lösen. Diese Fähigkeit hat sie schließlich zu ihrem Beruf gemacht. Sie kombiniert langjährige Erfahrung als Unternehmensberaterin und Coach mit einer guten Portion Lebenserfahrung.

Dabei hat sie fast nichts ausgelassen: Ob Abhängigkeit, Todessehnsucht, chronische Erkrankungen bis hin zum Burn-out mit kurzzeitigen Erblindungserscheinungen – das alles hat sie am eigenen Leib erfahren. Mit ihrem unerschütterlichen Humor und ihrer grundpositiven Lebenseinstellung meisterte sie all diese Themen im Alleingang – und das neben ihrer beruflichen Karriere. Diese Expertise ist es wohl, die sie von anderen Coaches und Beratern unterscheidet.

Ihre Message ist: »Auch wenn es im Leben richtig mies läuft, kann es trotzdem in die richtige Richtung gehen. Sei clever, triff gute Entscheidungen und es kann nichts schief gehen«.

Sie selbst ist der lebende Beweis dafür.

Kontakt:

E-Mail: post@life-reanimation.de
Web: www.life-reanimation.de, www.project-reanimation.de

Vorwort

Gegen zwei Dinge kann sich der Mensch nicht wehren: gegen ein Lob und gegen eine Erkenntnis. Beides dringt in uns ein, entfaltet seine Wirkung wie von selbst und wir können nichts dagegen tun. Das Gute daran ist: wir verändern uns dadurch, ohne etwas dafür tun zu müssen, was wir uns mühsam aufzwingen oder antrainieren müssten. Es passiert, einfach so.

Für die meisten Situationen des Lebens gibt es ganz einfache Lösungen. Nur, inmitten einer schwierigen Situation, erkennen wir sie oft nicht. Grübeln, nachdenken, ignorieren, verdrängen, all das erzeugt eher noch mehr Widerstand, als dass es wirklich zu etwas Konstruktivem führt. Was aber, wenn es eine Möglichkeit gibt, jede beliebige problematische oder sonst herausfordernde Situation so zu analysieren und unter die Lupe zu nehmen, dass sich oben erwähnter Effekt einstellt? Was, wenn es gelingt, Aha-Erlebnisse zu haben und ohne große innere Gegenwehr zu einer für sich selbst logischen und passenden Antwort zu kommen. Ein nahezu fantastischer Gedanke, nicht wahr?

Ich persönlich glaube aufgrund meiner eigenen Geschichte, dass der einfachste Weg, sein Leben zu gestalten darin besteht, bedacht, geduldig und angereichert mit Wissen, kluge Entscheidungen zu treffen, die einen persönlich weiterbringen. Opportunist zu sein. Gelegenheiten zu erkennen und für sich nutzen zu können. Es gibt günstigere Momente für eine Sache und ungünstigere. Die Ungeduld steht uns dabei oft im Wege und gerade in der heutigen Zeit, in der alles auf Abruf und hochflexibel funktioniert, ist Besonnenheit eine Eigenschaft, die viele Menschen nicht mehr besitzen. Vieles ist flüchtig geworden, vieles oberflächlich. Dennoch bleibt der Mensch ein Mensch. Ein Wesen, das Zeit braucht um sich entwickeln zu können. Ein Wesen, das alles andere als oberflächlich ist.

Mit diesem Buch möchte ich Ihnen die Methoden und Herangehensweisen vorstellen, mit denen ich beruflich und privat als eine vom Leben herausgeforderte Frau stets zu richtig guten Erkenntnissen und Entscheidungen gekommen bin.

Ich möchte Ihnen zeigen, wie Sie sich strukturiert und analytisch mit Ihrer individuellen und speziellen Lebenssituation auseinandersetzen können. Wie Sie für sich einen einfachen Weg finden können, sich zu entwickeln und die Dinge zu ändern, die sie ändern wollen.

Es ist eine Art Best-of meiner Strategien, die ich als Coach und als Trainerin an meine Kunden weitergebe und die ich selbst permanent ausübe.

Behalten Sie eines immer im Auge: In Ihrem Leben geht es in erster Linie um Sie.

Ich wünsche Ihnen anregende Gedanken, gute Ideen und jede Menge Erkenntnisse beim Lesen.

Herzlichst, Ihre

1.
Prolog

Ich komme aus einer großen, liebevollen Familie. Einer Großfamilie mit vier Generationen, die quasi unter einem Dach lebten. Groß und Klein, Jung und Alt, alle zusammen. Eine schöne heile Welt, die ich als Kind tagtäglich erlebt habe … bis ich vierzehn Jahre alt war.

Damals war ich bei einer Feier mit etwa Gleichaltrigen – und sie haben mich überfallen. Eine klassische K.o.-Situation: Ohne mein Wissen trank ich harten Alkohol und bekam nichts mehr mit. Soweit ich weiß, haben mich die beiden, die sich als meine Aufpasser ausgaben, nur angefasst. Zum Glück nichts Schlimmeres. Ich kann mich an all das nicht erinnern. Sie haben es sich nicht nehmen lassen, es mir hinterher zu erzählen – Handys gab es noch keine und damit auch keine Videos, Gott sei Dank.

Woran ich mich aber erinnern kann, ist, was nach diesem Abend geschah. Ich habe mich so gegeben, als würde es mir nichts ausmachen und mich weiterhin mit den gleichen Leuten getroffen – insgeheim in der Hoffnung, dadurch verhindern zu können, dass die Jungs darüber reden. Es war mir unendlich peinlich, nicht nur, weil sie es geschafft hatten, mich zu überlisten, sondern auch, weil beide – na ja – nicht gerade die ansehnlichsten waren. Ich wollte auf keinen Fall, dass jemand weiß, dass ausgerechnet diese beiden mich angefasst hatten. Für die beiden Jungs aber kam es einer Kriegserklärung gleich, dass ich mich mit meiner großen Klappe und frech wie immer weiterhin mit der Clique traf. Und sie hatten umgekehrt Angst, dass ich erzählen würde, was sie getan hatten. Denn eines ist sicher: Wer so etwas mit einem anderen Menschen macht, der weiß genau, dass es etwas Falsches ist. Und dass Konsequenzen drohen. Und deshalb haben sie reagiert: mit weiteren Bedrohungen und Angriffen. Auflauern, Handgreiflichkeiten, ach und so einiges mehr. Also, habe ich mich bewaffnet: Ohne Doc Martens mit Stahlkappen und Pfefferspray bin ich nicht mehr aus dem Haus. Und siehe da, ich konnte mich erfolgreich gegen alle Attacken wehren, die über die darauffolgenden eineinhalb Jahre hinweg andauerten.

Nichtsdestotrotz waren insbesondere diese Erlebnisse einschneidend. Denn wer ständig mit Angriff rechnet, egal wie frech oder vorlaut er ist, der steht permanent unter Strom. Wem kann ich trauen? Wo lauert ein Angreifer? Habe ich alles dabei, um mich wehren zu können? Hat sich jemand mit denjenigen verbündet und stellt eine neue Bedrohung dar? Also alles in allem einige ziemliche Erschütterungen meines Innersten, was Sicherheit an Leib und Leben, Vertrauen und Nähe angeht. Klar war meine erste Beziehung ein völliges Desaster. Meinen Eltern wollte ich mich damals nicht anvertrauen, ich hatte einfach zu viel Angst vor Vorwürfen. Schließlich habe ich mich mit diesen Leuten freiwillig getroffen. Und ich hatte Angst vor dem Aktionismus meiner Eltern: Polizei, Anzeige, Gespräche zwischen den Eltern und so weiter. Und das, wo doch niemand wissen sollte, was passiert war … Noch bevor ich fünfzehn war, hatte ich als einzigen Ausweg den Suizid in Betracht gezogen. Dank meiner fantastischen Erziehung bin ich jedoch zu dem Schluss gekommen, ich sei zu jung eine derartige Entscheidung zu treffen. Dieser Gedanke hat mich jahrelang vor Dummheiten bewahrt.

Bis ich ungefähr zwanzig Jahre alt war, habe ich phasenweise über Monate hinweg nicht geschlafen. In der Schule habe ich mich im Gegenzug ausschließlich amüsiert. Sie war einige Kilometer weit weg, weshalb ich mich dort frei und gefahrlos bewegen konnte. Natürlich bin ich irgendwann ordentlich durchgefallen und hätte sogar fast die Realschule abgebrochen. Das wäre vermutlich mein Untergang gewesen. Geklaut und gedealt hatte ich zu der Zeit ohnehin schon reichlich. Als ich dann eine Ausbildung angefangen hatte, bekam ich chronische Kopfschmerzen, später chronische Magenschmerzen. Es war nicht auszuhalten, dass meine beiden Ausbilderinnen sich dauernd bekriegt hatten und ich permanent zwischen den Stühlen saß. Die Ärztin, die sich auf Schmerztherapie spezialisiert hatte, war ratlos, warum sie die Akupunkturnadeln oftmals kaum setzen und – noch schlimmer – kaum wieder lösen konnte. Der über sehr lange Zeit angestaute Stresspegel war enorm, ich könnte noch einiges mehr aus dieser Zeit aufzählen …

Ich dachte mir oft, dass ich gerne einfach so ein bisschen Zeit hätte, um all das, was ich erlebt habe, zu verarbeiten. Es war mir klar, dass alles viel zu viel für mich war und ich Abstand brauchte. Als ich dann mit einundzwanzig auszog, dachte ich, ich hätte es nun geschafft. Aber weit gefehlt, denn dann brach nach einer traurigen Trennung erst recht alles zusammen. Ich hatte mich bei meinem damaligen Freund das erste Mal wieder zu Hause gefühlt. Dementsprechend tief war der Fall. Und das während des Informatikstudiums, das ich entgegen aller Prognosen (auch meiner eigenen) nicht nur angefangen, sondern auch ziemlich gut bewerkstelligt bekam. (Als Schulhasser, der ausrechnet, welche Note er minimal braucht, damit er gerade so durchkommt, rechnet man eher mit einer Karriere an der Discounterkasse.)

Also saß ich da: jede Menge Lernstoff zu bewältigen, gebrochenes Herz, kein Gefühl mehr am ganzen Körper, Suizidgedanken und viel zu viel Alkohol. Meine Güte, das war eine Zeit ... Später dann, als ich nach dem Diplom angefangen habe, in IT-Projekten zu arbeiten, geriet ich unter Zeit- und Leistungsdruck, der in dieser Branche einfach umso ausgeprägter ist. Mein Leben bestand aus Arbeiten, Schlafen, Arbeiten, Schlafen, wobei die Zeit für die Erholung nie ausreichte. Jedes Wochenende war zu kurz, jeder Urlaub ebenso. Ich lief immer mehr ins Defizit hinein, das ich weiterhin mit eher ungesunden Substanzen auszugleichen versuchte. Mein Körper rebellierte, als wieder nichts mehr vor- und zurückging. Zu Anfang meines Berufslebens hatte ich auch Panikattacken. Das war ganz schön schräg für einen eher rationalen Menschen wie mich: Völlig irrationale Angst vor nichts zu haben? Später bekam ich permanent Kreislaufprobleme, jeden Tag ein Zusammenbruch: öffentlich, im Büro, zu Hause. Ich bekam Schmerzen im Bein, die so stark waren, dass ich Angst hatte, im Rollstuhl zu landen.

Das Ergebnis: Mit einunddreißig der erste Burn-out und die Entscheidung einen Entzug zu machen. Und danach: jahrelange Forschung nach den Ursachen der verbliebenen körperlichen Probleme.

Ich habe erst bei meinem zweiten Burn-out eine Therapie begonnen, um dem Stress endgültig den Kampf anzusagen. Er war mit einer kurzzeitigen Erblindung in Erscheinung getreten, und das machte mir wirklich Angst. Alles vorher habe ich aber alleine bewältigt. Und mit Erfolg, denn das Ergebnis stimmt: Trotz allem bin ich Unternehmerin, Musikerin, Sportlerin, Künstlerin, Liebhaberin und noch am Leben.

Doch wie geht das? Wie können auch Sie so etwas schaffen?

Wenn Sie Ihren gesunden Menschenverstand zu nutzen wissen, brauchen Sie keinen Therapeuten. Wenn Sie Gelegenheiten erkennen und für sich nutzen, schaffen Sie viel mehr mit viel weniger Aufwand und Mühe. Etwas Geduld und geschicktes Aneinanderreihen von Handlungen macht Sie souverän und Sie erlangen die Oberhand zurück. Veränderung muss nicht hart oder anstrengend sein, sie bringt Erleichterung. Denn sie sorgt dafür, dass es wieder in die richtige Richtung geht.

Auch wenn Ihre Situation vielleicht nicht so extrem ist, wie meine es war: Eine Strategie zu kennen, die es ermöglicht, jede beliebige Situation in den Griff zu bekommen ist unbezahlbar. Die Zehnder-Methode ist aufs härteste erprobt und hat sich immer bewährt. Über viele Jahre hat sie sich entwickelt, von dem Punkt an, an dem ich als Teenager völlig unerfahren und aufgeschmissen in dieser Extremsituation war. Aber auch in weniger extremen Situationen gelang mir mit meiner Vorgehensweise immer ein guter Ausstieg.

Der ganz normale Wahnsinn

Ich erzähle Ihnen gerne noch ein paar Geschichten, die dem ganz normalen Wahnsinn entspringen und in denen Sie sich vielleicht auch ein wenig wiederfinden können.

Es standen gerade Prüfungen am Ende des Semesters an. Der Schlaf war aber bereits seit Monaten ausgeblieben. Plötzlich kam ein Anruf: Mein Nebenjob war weg – und beim Vergnügen mit dem Gespielen verabschiedete sich ungeplant das Verhütungsmittel …

Oder wie wäre es mit dieser Geschichte: Die Verantwortung die ich hatte, war geradezu erdrückend. Ich fiel zurück in die Sucht und stellte dann fest, dass mein Partner ein Doppelleben führte. Sogar gleich mit mehreren Frauen …

Eine andere Episode gleich hinterher: Ein Kundenprojekt lief recht gut und beständig und ich startete ein zweites Projekt parallel. Ein neues Projekt, das mir persönlich sehr am Herzen lag. Plötzlich und unerwartet eskalierte das erste Projekt völlig, während die Renovierungsarbeiten zu Hause ausarteten, sodass das Haus sprichwörtlich verwüstet war. Und mein Arzt äußerte einen akuten Verdacht auf Krebs …

Noch ein Klassiker: Ich war beruflich erfolgreich als Consultant unterwegs und alles lief perfekt. Doch plötzlich brach die Beziehung weg. Sie lief einfach immer gut und ich achtete vor lauter Arbeiten, Reisen und Kofferpacken zu wenig darauf, wie es meinem Partner damit ging, selbst nicht erfolgreich zu sein.

So oder so ähnlich kann es im Leben immer wieder einmal passieren. Fällt Ihnen dazu auch etwas ein?

Für mich kam heraus, dass ich trotz der teilweise extremen Erlebnisse, die ich hatte, nicht auf der Strecke geblieben bin. (Wobei einige davon durchaus hätten schiefgehen können.) Ich habe Karriere gemacht. Ich habe ausgesprochen schöne Beziehungen geführt und tiefste Liebe erfahren. Und viele schöne und außergewöhnliche Dinge erlebt.

Meine Geschichte ist eine Erfolgsgeschichte. Aus allem, was ich erlebt habe, konnte ich immer einen Nutzen ziehen. Wie das geht, lesen und lernen Sie in den nächsten Kapiteln.

2.
Desaster

Wer in seinem Leben etwas ändern muss – oder sogar will – steht vor einer großen Herausforderung: sich selbst. Und den anderen. Wenn wir versuchen, die Dinge anzugehen, die uns stören, sind wir geneigt aufzugeben oder sicherheitshalber gar nicht erst anzufangen. Das kennt vermutlich jeder von uns. Was aber tun, wenn die Umstände es nicht zulassen, eine Veränderung kompromisslos in die Tat umzusetzen? Was tun, wenn Sie mit dem Gesicht zur Wand stehen und das Problem keine Alternativen zulässt?

Der Arzt sagt zu Ihnen: »Ändern Sie Ihr Leben, sonst haben Sie bald keines mehr«. Ihr Partner sagt: »Wenn du nichts änderst, gehe ich«. Sie selbst sagen sich: »Was mache ich hier eigentlich? In meinem Leben geht nichts mehr vor und nichts mehr zurück«.

Das Leben ist eine komplexe Angelegenheit. Bei einigen bewegt sich viel, bei anderen weniger. Dennoch entwickeln sich immer wieder einmal Situationen, in denen irgendwie alles auf einmal zu kommen scheint. Nicht nur, dass es im Job drunter und drüber geht, innerlich die Kündigung schon geschrieben ist oder einem als Selbstständiger die Kunden fehlen, nein, auch die Beziehung steht auf der Kippe und der Dauerstress lässt den Begriff Lebensqualität zur Farce geraten. Irgendwie kommt alles auf einmal. Und Altlasten beschäftigen uns auch noch. Geheimnisse, Schuldgefühle oder Trauer um einen geliebten Menschen. Ein Teil unserer Kapazität ist immer schon belegt. Ungewissheit und Ängste, auch vor der Zukunft, lähmen uns in unserem Handeln. Nur keinen Fehler machen. Keine Bewegung! Es gibt Zeiten, in denen man kein Land mehr sieht. In denen hat sich scheinbar alles und jeder gegen einen verschworen.

Wenn es kommt, dann kommt es richtig. Man steckt in einer Zwickmühle, weiß nicht, wann und wo man anfangen soll. Oder woher man die Kraft nehmen soll, die immer mehr dazukommenden neuen Probleme auch noch irgendwie zu stemmen. Noch dazu, wenn einem Unrecht getan wurde und man unverschuldet in eine Schwierigkeiten geraten ist. Man wünscht sich Hilfe, findet aber keine. Und gleich zu einem Therapeuten gehen? Na ja, das ist auch nicht jedermanns/-fraus Sache. Es reicht einem einfach und man erhofft sich sprichwörtlich einen Tag X herbei, an dem das Fass voll ist. Oder besser gesagt: der Tag, an dem der Tropfen fällt, der das Fass zum Überlaufen bringt.

Der Lebenslauf eines Menschen ist nicht immer geordnet, so dass er in einer Phase eine Talfahrt durchlebt und später auf der Überholspur ist. Es ist ein Trugschluss, dass bei Menschen wie mir, die viel erlebt haben, am Anfang des Lebens alles bergab und irgendwann langsam wieder bergauf geht. Sie können sicher sein, dass Sie jeden Tag mit einer Person zu tun haben, die von irgendetwas hart abhängig ist und die dennoch völlig unauffällig ist und einen guten Job macht. Weil das eine das andere nicht ausschließt. Obwohl es in einem Teil des Lebens richtig mies läuft, kann es trotzdem in anderen Bereichen richtig gut sein. Und so ist es garantiert auch bei Ihnen: Selbst wenn gerade alles überkocht, gibt es mit Sicherheit etwas Positives, Konstruktives, Schönes in Ihrem Leben. Sie sehen es nur gerade nicht. Und das macht mürbe.

Langfristig betrachtet sind beide, das Negative wie auch das Positive, eine Bereicherung. Durch meine Erfahrungen habe ich eine unschlagbare Menschenkenntnis gewonnen, ich kann sehr gut reden, habe vielseitiges Wissen zu allen möglichen Themen und finde für alles Lösungen. Für meine Arbeit als IT-Beraterin mit Schwerpunkt auf das Management und die Rettung von IT-Projekten sind das ausgesprochen nützliche Eigenschaften. Genauso für meine Arbeit als Coach.

Meine Erfahrungen und mein methodisches Wissen stelle ich meinen Klienten zur Verfügung: Etwas selbst erlebt zu haben, ist etwas anderes, als es nur theoretisch zu lernen. Alles, was passiert, passiert nicht so leicht ein zweites Mal – weil man intuitiv weiß, es zu vermeiden. Denn man hat am eigenen Leib erfahren, wie es zustande gekommen ist, hat daraus gelernt (oder sollte daraus gelernt haben). Alles ist zu etwas nützlich oder für etwas gut. Nur zeigt sich das dummerweise manchmal erst viel später im Laufe des Lebens.

Es kommt immer auf das Gegengewicht an: Obwohl jemand zum Beispiel Todessehnsucht verspürt, kann er durchaus in der Lage sein, die Situation rational zu erfassen. Er kann erkennen können, dass es nicht in Ordnung wäre, dem nachzugehen. Und er kann sogar dennoch humorvoll sein, Freundschaften haben und im Leben stehen. Dass man in einen Menschen nicht hineinschauen kann, stimmt. Und nicht nur in die nicht, die irgendwann auffällig werden oder Dummheiten machen. Auch in die Menschen, die gerne Dummheiten machen würden, sie aber nicht tun, sieht man nicht hinein. Wie sich eine extreme Situation auf jemanden auswirkt, hängt sehr vom Grundcharakter eines Menschen ab. Ein im Grundsatz humorvoller Mensch verliert diese Eigenschaft nicht gänzlich, nur weil es ihm gerade nicht so gut geht.

In jedem von uns schlummert so viel mehr, als das Offensichtliche. Es kämpft in uns und mit uns – während sich gleichzeitig um uns herum die Welt in alle Richtungen verändert. Die innerliche Verfassung und die äußeren Bedingungen verschwimmen so leicht, dass man schnell den Wald vor lauter Bäumen nicht mehr sieht. Dann bleiben wir gern starr stehen oder laufen nur noch in eine Richtung, weil wir eine andere übersehen. Die Lösungen werden immer einseitiger, die Denkweise beschränkt sich auf die vorliegenden Gegebenheiten.

Auch deshalb leben wir Gegensätzliches oft nicht so wirklich aus, obwohl es immer existent ist. Das, was von außen weniger gewünscht oder gefordert ist, verkümmert. Doch die gute Nachricht ist: Man kann ängstlich sein, sich aber trotzdem mutig verhalten. Man kann abhängig sein und trotzdem erfolgreich und sozial unauffällig. Man kann Kinder mögen und trotzdem keine wollen. Man kann kurze Haare haben und trotzdem ein Hippie sein. Alles ist erlaubt.

Und nicht nur im Lebensstil, auch in den Entscheidungen. Klar, wer tief liebt, der kann auch tief fallen. Wer sich trotz einer schlechten Erfahrung wieder auf einen anderen einlässt, läuft Gefahr erneut verletzt zu werden. Wer einmal ausgebrannt war und sich trotzdem wieder auf ein interessantes Projekt stürzt, der könnte erneut in die Erschöpfung laufen. Aber was ist die Alternative? Ein Leben ohne die Liebe? Niemals. Ein Leben ohne die Lust auf etwas Neues? Auf keinen Fall. Wer nicht wagt, der nicht gewinnt. Also ran an den Speck. Nur eben mit etwas mehr Wissen im Gepäck. Lernen erlaubt. Je mehr Bewegung jemand im Leben hat, desto mehr kann natürlich auch schiefgehen. Also seien Sie vorsichtig! Wenn Sie anfangen, eingefahrene Muster zu durchbrechen, erleben Sie am Ende etwas Unvorhersehbares. Und sagen Sie nicht, ich hätte Sie nicht gewarnt.

Aber Spaß beiseite. Diese Erkenntnis ist der eigentliche Trick bei der ganzen Sache: Es gibt kein Entweder-oder. Es gibt kein So-oder-so. Jeder Mensch ist ein Individuum. Physisch und psychisch. Kein Mensch ist wie der andere. Wenn ein Mann mir etwas Schlechtes tut, sind deshalb nicht alle anderen Männer schlecht. Ich würde mir nur selbst viele Gelegenheiten nehmen, ausgesprochen interessante und in ihrem Wesen schöne Männer kennenzulernen, wenn ich sie mit dem einen Übeltäter in einen Topf werfen würde. Vorurteile oder Pauschalisierungen nehmen uns Handlungsspielraum und schränken massiv ein. Entweder oder. Schwarz oder weiß. Entscheidend ist allein, wie sich jemand verhält. Nur lässt sich das nicht so leicht ausdrücken und der Mensch neigt da etwas zur Bequemlichkeit. Doch Bequemlichkeit bringt niemanden weiter. Besonders nicht in schwierigen oder komplexen Situationen. Es muss etwas getan werden. Etwas anderes als sonst. Und nur Sie selbst können herausfinden, was Ihnen als Individuum hilft.

Nun, Sie können sich Ratgeber durchlesen, sicher. Dann lesen Sie die Lösungen eines anderen. Eine Lösung von der Stange, sozusagen. Sie können einen Psychologen oder Therapeuten befragen, der Ihre Kindheit mit Ihnen erörtert. Das ist Geschmackssache. Sie können aber auch Ihren gesunden Menschenverstand nutzen. Eine Strategie entwerfen, die genau zu Ihnen, Ihrem Charakter, Ihrem Leben, Ihren Gewohnheiten und Vorlieben passt. Denn dann haben Sie eine Chance auf Erfolg und eine Motivation für den ersten, den zweiten, den dritten Schritt und scheitern nicht direkt, nach einem halb garen Entschluss. Es ist nicht einfach, so einen Schlachtplan allein zu entwerfen. Aber dafür gibt es Menschen wie mich, die ihr Wissen ihre Erfahrungen in Bücher fassen und zur Verfügung stellen.

3.

Ursachenforschung

Die Flecken auf der Landkarte

Weshalb wir manchmal so hilflos sind

Fangen wir doch einmal ganz vorne an: Woher kommt das eigentlich, dass wir manchmal, wenn die Probleme überhandnehmen, so hilflos sind? Die Vielfalt der Optionen, die wir haben, hängt unmittelbar davon ab, was wir wissen. Dazu zählen sowohl Faktenwissen als auch Erfahrungen, die wir gesammelt haben. Je mehr ich weiß, desto mehr Auswahl habe ich. Wenn nun eine außergewöhnliche Situation eintritt, die uns positiv oder negativ zunächst überfordert, liegt das daran, dass wir die Situation noch nie erlebt haben – also keine Erfahrung damit haben, wie sie zu bewältigen ist – oder aber zu wenig über die Sachlage wissen. Das heißt kurz gesagt: Stress. Purer Stress. Und der ist zunächst körperlich eine ziemliche Anstrengung. Stress wird durch Hormone erzeugt und gesteuert, die, wenn es ernst wird, in unserem Körper Samba tanzen. Der Effekt jedoch ist der: Die Muskulatur verspannt sich, der Blick fokussiert sich stark (weshalb wir zum Beispiel, wenn wir verschlafen haben, gegen Ecken rennen, die sonst nie im Weg sind), und unsere Bewegungsabläufe sind zackig und ungeschmeidig und das Herz rast et cetera. Ebenso unsere Gedanken. Ein Grund übrigens, warum Wellness so hoch im Kurs steht: Denn ein entspannter Körper führt zu einem entspannten Geist. Also, die Herausforderung ist da, wir reagieren stark gestresst und kommen zu keiner Lösung. Können wir auch nicht, denn wenn wir die Lösung kennen würden, hätten wir diesen Stress nicht. Wir haben quasi einen weißen Fleck auf unserer Landkarte entdeckt, der unerforscht, unbekannt und möglicherweise gefährlich ist. Schließlich sind unsere Instinkte nach wie vor animalischer Natur und lassen sich durch Gefahr sehr leicht triggern. Der entstandene Stress ist eine Folge davon: Vorbereitung auf eine Flucht vor der Gefahr. Weniger steinzeitlich ausgedrückt kann man sagen: Wir haben Angst und sind unsicher. Diese Unsicherheit gilt es nun zu bekämpfen, um zu einer schnellen und vor allem guten Lösung zu kommen, die uns wirklich zufrieden stellt.

Exkurs: Körperlicher und mentaler Stress

Stress äußert sich auf zwei Ebenen: Einmal auf der körperlichen und einmal auf der mentalen Ebene.

Die körperliche Ebene

Sind wir gestresst, verändert sich unser Körper und passt sich der Ausnahmesituation an. Das geschieht, indem einige Körperfunktionen erhöht und einige heruntergefahren werden. Dieser Zustand ist von der Natur als Notfalloption angedacht und soll kurzfristig präzise die erforderlichen Eigenschaften wie Kraft, Schnelligkeit, selektive Wahrnehmung ermöglichen. Er stellt eine hohe Belastung für den Körper dar und sollte so kurz wie möglich aufrechterhalten werden. Insbesondere das Herz-Kreislauf-System ist betroffen. Es arbeitet weit über seine Normalleistung hinaus. Sportler stecken unter anderem deshalb Stress leichter weg, weil ihr Herz-Kreislauf-System an kurzfristige höhere Belastungen gewöhnt ist und die Normalleistung von Grund auf einen höheren Level hat als bei einem Untrainierten.

Bei akutem Stress wird die Atemaktivität verringert. Wir halten die Luft an und erhalten damit den Anspannungspegel. Dieser Mechanismus ist bei Kindern sehr schön zu sehen, die dabei sogar manchmal die Backen aufblasen und die Luft anhalten, wenn es spannend wird. Beobachten Sie das einfach einmal bei sich selbst. Da unser Körper recht leicht zu triggern ist, ist der einfachste Weg, den Notzustand zu beenden, sich darauf zu konzentrieren, nicht die Luft anzuhalten. Dadurch signalisieren Sie allen aktivierten Stresssymptomen, dass die Gefahr vorüber ist und sie wieder in den Normalzustand wechseln können.

Dadurch, dass der Anteil an Wissensarbeit erhöht und der Anteil an körperlicher Arbeit gesunken ist, hat sich der allgemeine Stresspegel erhöht. Denken Sie zum Beispiel einmal an Gartenarbeit: Der Körper bleibt in Bewegung und wir atmen zwangsläufig weiter, um den nötigen Sauerstoff für die körperliche Anstrengung der Bewegung aufzunehmen. Der Stress der Anstrengung wird wieder ausgeglichen. Bei einer sitzenden Tätigkeit, die eine starke kognitive Leistung zum Ergebnis hat, entsteht ebenfalls Anspannung und Stress, der Körper baut ihn aber weit weniger ab.

Deshalb ist es gut, auch bei Büroarbeit zwischendurch aufzustehen und sich zu bewegen. Einmal ganz abgesehen davon, dass ein untrainierter Körper seine Funktionen noch weiter herunterfährt, wenn er über Stunden inaktiv bleibt: Es macht uns, um es ganz deutlich zu sagen, dick und schwerfällig.

Die mentale Ebene

Unser Gehirn ist ein Wunderwerk der Natur. Es kann Unmengen an Informationen speichern und verarbeiten. Nun hat sich unsere Gesellschaft aber dahin entwickelt, dass Informationen im Überfluss generiert, verbreitet und verfügbar gemacht werden. Im ersten Moment klingt das für mich als wissbegierigen Menschen nach einem Schlaraffenland. Aber tatsächlich überschäumt die Flut an Informationen unser Gehirn. Es muss jede Information verarbeiten und nicht nur die, die ich bewusst aufnehme. Über sämtliche Sinnesorgane strömen Abermillionen von Informationen ein und müssen bewertet, zugeordnet und abgelegt werden. Das geschieht im Unterbewusstsein. Was mental aber als Stress spürbar wird, ist der bewusste Teil. Wir machen uns Sorgen, Gedanken, müssen Entscheidungen treffen, dürfen Dinge nicht vergessen und und und. Das Gefühl, dass wir dabei haben, also ob uns die Themen, die uns beschäftigen, belasten oder nicht, ist dabei ganz entscheidend. Wenn negative Emotionen mit den Gedankengängen verbunden sind, ist das so, als wenn Öl ins Feuer gegossen wird.

Die Gedanken, die uns beschäftigen, können anerzogene Regeln sein, die uns hemmen, Handlungen vorzunehmen oder Entscheidungen zu treffen. »Ich darf nicht …« oder »Ich kann nicht …«. Permanent laufen dabei auch

Bewertungen ab, die sich vielleicht damit beschäftigen, wie etwas, das ich getan habe, bei anderen angekommen ist. Der Wunsch nach Anerkennung von außen ist in jedem Menschen verankert.

Oftmals hängen wir in der Vergangenheit fest oder wir grübeln über die Zukunft nach. Beides ist – gelinde gesagt – ziemlich sinnlos. Sie werden selbst bereits erkannt haben: Vergangenes ist nicht zu ändern, Zukünftiges nicht vorhersehbar. Dennoch fällt es schwer loszulassen.

Doch es gibt eine Gemeinsamkeit zwischen körperlichem und mentalem Stress. Auch bei mentalem Stress kann der Strudel der Gedanken gestoppt werden: wieder über die Atmung. Wenn Sie sich in einem Gedankenkarussell befinden, konzentrieren Sie sich darauf, tief und gleichmäßig weiterzuatmen. Ihr Kopf glaubt dann, es gäbe keinen Stress mehr und beruhigt sich.

Den Wald vor lauter Bäumen nicht sehen ...

Wenn wir vor einem großen Problem stehen, sehen wir oft den Wald vor lauter Bäumen nicht. Das kann damit zusammenhängen, wie viel Stress die Situation auslöst, aber auch mit der Komplexität des Problems an sich. Oder aber an der Komplexität der Auswirkungen, die eine Lösung mit sich bringen kann. Zwei Sätze, die es in sich haben. Aber gehen wir es der Reihe nach durch.

Es gibt Situationen, die schlichtweg Panik in uns auslösen. Welche das für jeden einzelnen sind, hängt stark von der jeweiligen Lebensgeschichte ab: ob es Angst vor Verlust ist oder vielleicht Angst davor, getäuscht zu werden. Hier spielt es eine große Rolle, wie in unseren Ursprungsfamilien mit bestimmten Themen umgegangen wurde, wie verlässlich zum Beispiel unsere Eltern waren oder auch, ob unsere Eltern oder andere nahestehende

Personen uns körperlich oder mental verletzt haben. Jeder Mensch hat bestimmte Themen, die ihn triggern, in völligen Stress zu verfallen – einfach nur, weil in der Vergangenheit eine Situation vorlag, die uns gnadenlos überfordert und bis ins Mark erschüttert hat. Nicht selten dann, als wir noch jung oder sogar kindlich waren. Wir waren kaum handlungsfähig oder konnten nicht souverän sein, weil als Kind oder Jugendlicher einfach noch keine Möglichkeit dazu bestand. Und das ist absolut okay. In jungen Jahren ist man noch nicht voll handlungsfähig, als Erwachsener schon. Das bedeutet: Wenn ich als Erwachsener die gleichen Stresssituationen erlebe wie in einer prägenden Situation als Kind beziehungsweise Jugendlicher und ich die Parallele zueinander erkenne, dann kann ich mir angewöhnen, mich anders zu verhalten.

Der zweite Aspekt ist die Komplexität des Problems. Das heißt, das Problem an sich ist so groß, hat so viele Beteiligte, so viele Bestandteile, dass uns allein der Akt, sich einen Überblick zu verschaffen, überfordert. Stellen Sie sich vor, in Ihrer Wohnung gibt es einen Kurzschluss und alles was Sie besitzen brennt ab. Keine Ausweispapiere, keine Nummern von Versicherungspolicen, keine Kleidung, keine persönlichen Gegenstände mehr, keine Familienfotos, keine Bleibe. Allein diese Situation zu erfassen und alle Bestandteile des Problems zu registrieren und zu begreifen ist eine Mammut-Aufgabe.

Es gibt also problematische Situationen, die einfach so vielschichtig sind, dass das Erkennen der Bestandteile uns schon in unfassbaren Stress versetzen. Dann ist ein Gedanke an die Lösung der einzelnen Bestandteile noch nicht einmal im Ansatz möglich.

Stellen Sie sich einmal vor, Sie wollen einen richtig fiesen Knoten lösen. Einen, der nicht nur groß ist, sondern vor allem ganz furchtbar fest zugezogen. Wie gehen Sie vor? Also ich kenne nur einen Weg – einmal abgesehen von der Messer-, Schere-, Feuerzeugvariante – nämlich sich den Knoten genau zu betrachten, ein gewisses System zu erkennen, und dann behutsam an ausgewählten Stellen die Schnur zu lockern. Und auch, wenn der Knoten so fest ist, dass einem die Fingerspitzen schmerzen, so probiert man es doch weiter. Der Ehrgeiz ist geweckt, zum Beispiel wenn man die Schnur/den Gegenstand für etwas verwenden möchte. Man geht her und dreht immer wieder die gleiche Schleife, so lange, bis so viele Stellen gelockert sind, dass sich der Knoten langsam lösen lässt. So ähnlich machen wird das jetzt mit Ihrer Situation. In kleinen Schritten und Näherungsversuchen lösen wir Ihre Situation auf.

Wenn ein Problem nicht lösbar erscheint, dann sind die Bausteine noch zu groß. Das passiert regelmäßig, wenn man unter Druck steht und so viel wie möglich schaffen will. Wenn man in großen Schritten vorwärts kommen will – oder schlimmer noch: vorwärts kommen muss. Aber halt, das ist nicht der beste Ansatz, um möglichst ungestresst ein Problem zu lösen. Denn zu große Schritte erzeugen zwangsläufig Misserfolge. Misserfolge werfen uns zurück, und manchmal sogar weiter zurück als an die Stelle, an der wir angefangen haben. Also seien Sie besonnen und nehmen Sie sich kleine, für Sie überschaubare Schritte vor.

Der dritte Aspekt sind die Auswirkungen eines Problems. Welche Konsequenzen zieht es nach sich und was bedeutet es – vielleicht sogar für den Rest meines Lebens? Es fällt manchmal schwer, zu akzeptieren, dass Dinge passieren, die wir nicht oder nicht mehr beeinflussen können. Unfälle gehören dazu. Oder einfach Dummheiten, die wir aus Leichtsinn oder Unachtsamkeit anstellen. Vielleicht kennen Sie ja das Gefühl, wenn Sie etwas so richtig verbockt haben, weil Sie einfach nicht darüber nachgedacht haben, welche Konsequenzen Ihr Handeln haben könnte. Oder aber leichtfertiges, egoistisches oder gezieltes Handeln eines anderen hat Sie in eine unschöne Situation gebracht. Hätten Sie doch nur besser aufgepasst oder anders gehandelt, auf Ihr Bauchgefühl gehört oder einfach ein Detail nicht übersehen …

Ja, das ist tragisch – nur ändern diese Gedanken rein gar nichts daran, dass es jetzt so ist, wie es ist. So lange wir wegsehen, setzen wir uns nicht mit den Konsequenzen auseinander. Also müssen wir hinschauen, was auf uns zukommt und herausfinden, was wir davon noch beeinflussen können, um den Schaden zu begrenzen und das Ruder vielleicht noch herumzureißen.

Eine Frage: Welcher dieser Aspekte beschäftigt Sie gerade am meisten? Triggert Ihr Problem altbekannte Ängste, überfordert Sie die Vielschichtigkeit oder überfordern Sie die Auswirkungen der Situation?

Die wirklich schlechte Nachricht ist vor allem, dass alle drei Aspekte gerne mal gleichzeitig zuschlagen.

Wenn Sie beispielsweise darüber nachdenken, sich von Ihrem Partner zu trennen, könnten alte Verlustängste getriggert werden, weil Sie selbst Scheidungskind sind. Die Bestandteile des Problems sind zum einen, die gemeinsame Zeit mit dem Partner oder der Partnerin abzuschließen, das Verarbeiten der oftmals nicht sehr schönen Geschehnisse, die zur Trennung führten, unklare finanzielle Verhältnisse et cetera. Die Auswirkungen sind vielleicht geteiltes Sorgerecht für die Kinder, Wohnungssuche, Umzug, Hausverkauf, Verlust von Freunden, Verlust der Familie. Das ist keine einfache Entscheidung und stellt das ganze Leben auf den Kopf. Eine derartige Entscheidung will völlig zu Recht gut überlegt sein. Wir grübeln, schlafen schlecht und treten tage-, wochen-, monatelang auf der Stelle. Wir sind unsicher, was richtig und was falsch ist. Um diesen Teufelskreis der Gedankengänge zu durchbrechen, hilft nur zu handeln und Sicherheit zu gewinnen. Mit Nachdenken allein macht man sich meistens nur unglücklich.

»

Man ist meistens durch nachdenken unglücklich.

Joseph Joubert (1754–1824), französischer Schriftsteller und Moralist

«

Nun gut, wir wissen jetzt also, dass wir Neuland betreten, in dem wir uns nicht auskennen und das vermeintlich voller Gefahren steckt. Wie gesagt, es ist die Unsicherheit, die uns vereinnahmt. Sicherheit gewinnen Sie, wenn Sie gut verstehen, um was es eigentlich geht.

Versuchen Sie so genau wie möglich Ihr Thema zu benennen. Um welchen Lebensbereich geht es und was genau ist das Problem?

Dieser Teil ist für die Lösung eines Problems extrem wichtig und erfordert enorm viel Reflexion über sich selbst und über die Gesamtsituation. Deshalb sind dazu ein spezielles Kapitel zur Reflexion und fünf Kapitel zu den einzelnen Lebensbereichen verfasst, um Sie konkret zu unterstützen.

Je besser Ihre Vorarbeit ist, desto leichter werden Sie sich mit dem Rest Ihres Masterplans tun. Wie heißt es so schön: Gute Vorbereitung ist alles.

Exkurs: Oh Gott, Sport

Aber halt! Das alles löst schon Stress aus und Sie kommen schon an diesem Punkt nicht weiter? Dann gehen Sie noch einen Schritt zurück und kümmern Sie sich nur darum, den physischen Stress zu reduzieren. Wer jetzt denkt »Oh Gott, Sport« hat recht und unrecht. Ziel ist jetzt erst einmal, nur die Muskeln zu entspannen. Lassen Sie sich ein paar Massageeinheiten verschreiben, machen Sie Spaziergänge oder machen Sie Yoga. Die Faustregel für alle aber lautet mindestens: Langsame Bewegungen im Freien. Das geht am einfachsten und ist jedem möglich. Und wenn Sie ohnehin schon Sport machen, dann umso besser. Alles, was Ausdauersport ist, egal in welcher Geschwindigkeit oder wie lange, ist pures Gift für den Stresspegel. Walking, Jogging, Radfahren oder Schwimmen, völlig egal. Machen Sie das, was Ihnen am leichtesten fällt.

»

Wenn ich acht Stunden Zeit hätte um einen Baum zu fällen, würde ich sechs Stunden die Axt schleifen.

Abraham Lincoln (1809–1865), 16. Präsident der Vereinigten Staaten

«

Was wir wissen und was nicht

Vieles von dem, was wir zu wissen glauben, stimmt nicht. Unsere Erfahrungen und Informationen werden in unserem Gehirn zu einem Bild, zu einer Ansicht, zusammengeschnitten, die nicht der Wirklichkeit entspricht. Dadurch, dass sich jeder Mensch sein eigenes Bild kreiert, gibt es faktisch noch nicht einmal eine Wirklichkeit oder eine einzige Wahrheit. Ich habe zum Beispiel immer gedacht, ich bin ziemlich faul. Bin ich aber nicht, ich bin Opportunistin. Ich investiere ungern unnötig Zeit oder Energie, wenn ich doch weiß, dass es zu einem anderen Zeitpunkt einfacher für mich geht. Gleichzeitig verschwende ich gerne Zeit und Energie, aber eben nur für die Menschen oder Dinge, die mir wirklich wichtig sind. Als ich das begriffen hatte, war ich schlagartig deutlich entspannter. Ich habe mich im wahrsten Sinne des Wortes getäuscht.

Unsere Wahrnehmung an sich ist dazu sehr subjektiv und selektiv. Es gibt Verhaltensweisen an uns selbst, die wir nicht bemerken, weil sie unterbewusst ablaufen. Manche unbewussten Verhaltensweisen nehmen wir dennoch zur Kenntnis oder können uns daran erinnern, wenn wir darüber nachdenken. Automatismen gehören dazu, wie zum Beispiel Auto fahren: Obwohl wir unbewusst fahren, können wir unsere Handlungen bei einem Unfall trotzdem meist im Einzelnen wiedergeben. Die Verhaltensweisen, die wir aber selbst nicht registrieren sind die, über die wir von außen eine Information oder einen Hinweis benötigen. Deshalb ist es so wichtig, sich gegenseitig Feedback zu änderbaren Verhaltensweisen zu geben. Ärgere ich mich über jemanden, kann es sein, dass das, was er getan hat, zu den Dingen gehört, die derjenige noch nicht einmal bemerkt hat. Er hat keine Chance, sich anders zu verhalten. Das stellt das sogenannte Johari-Fenster, benannt nach den amerikanischen Sozialpsychologen Joseph Luft und Harry Ingham, schön dar.

Das Johari-Fenster: Warum wir Feedback brauchen		
	Mir bewusstes Verhalten	Mir unbewusstes Verhalten
Was ich von mir selbst wahrnehme	✓	✓
Was andere von mir wahrnehmen	✓	!

Die Grafik zeigt auf, dass wir manche Informationen über uns selbst gar nicht wissen können. Was wir nicht wissen, hängt auch stark von unserem Umfeld ab. Ein Kind, das behütet aufgewachsen ist, weiß wesentlich weniger über Überlebensstrategien oder Lebenskrisen im Allgemeinen als ein Kind, dass Krieg oder häusliche Gewalt erlebt hat. Das Stichwort »Resilienz« bezeichnet kurz gesagt die Krisenfestigkeit eines Menschen. Es gibt Studien, die sich damit beschäftigen, warum ein Mensch Krisen wegsteckt und ohne Auffälligkeiten sein Leben weiterlebt und ein anderer sein Leben lang Unterstützung braucht oder durch eine Krise abrutscht. Auch das ist eine Ausprägung von Unwissenheit, was ich alles andere als despektierlich meine. Das Eintreten einer Krise kann ein Schockerlebnis darstellen, wenn vorher nie etwas besonders Einschneidendes im Leben passiert ist. Jeder Mensch bewertet ein Ereignis unterschiedlich und das aus gutem Grund. Etwas, das für den einen eine Katastrophe ist, ist für den anderen vielleicht gerade mal eine Randnotiz. Es kommt ganz darauf an, was für den Betroffenen als normal gilt, sprich, womit er sich auskennt. Auch deshalb ist es absolut von Vorteil für ein stressfreieres Leben, sich intensiv mit den Dingen zu beschäftigen, die uns umtreiben. Oder mit den Dingen, die uns schockieren, abschrecken oder die wir einfach nicht nachvollziehen können. Und genau darum geht es bei der Zehnder-Methode.

Wo ist das Problem?

Eine problematische Lebenssituation fällt nicht vom Himmel. Sie entwickelt sich und baut sich nacheinander auf. Der Ausgangspunkt ist manchmal schwer zu erkennen, denn es sind nicht immer einschneidende Erlebnisse oder Ereignisse, die mit einem Donnerschlag das Leben auf den Kopf stellen. Gerade unterbewusst und unausgesprochen gebliebene Momente sind es, die uns in unserem Verhalten und unserer Wahrnehmung so prägen, dass sie subtil unser Leben lenken. Und das beginnt oft schon bei den Grundlagen, die unsere Eltern beziehungsweise unsere Familie legen. Wir sind geprägt davon, mit welchen Werten, welchen Verhaltensspielregeln und Umgangsformen wir aufwachsen. Begehe ich einen Verstoß, werde ich in der Familie sanktioniert. Das klingt hart, meint aber Dinge wie zum Beispiel, dass jemand sauer ist und scharf ermahnt oder auch, dass jemand weint, wenn familiäre Regelverstöße stattfinden. Genauso wie konkrete Strafen, die in der Familie gängig sind. Das, was in der Familie gelebt wird, gilt als normal. Die guten, wie auch die schlechten Erfahrungen. Was als normal angesehen ist, wird in der Regel nicht mehr hinterfragt und einfach als gegeben angenommen. Und so schlummern in uns Ansichten und Verhaltensweisen ganz selbstverständlich, die dann unter Druck verhindern können, dass wir dagegen vorgehen. Weil sie normal sind. So steht sich jeder selbst im Weg, sofern er nicht erkennt, dass ihn etwas zurückhält.

Das Leben geht weiter und weiter und die Themen sammeln sich an. Nach und nach steigt die Anspannung und auch der physische Stresspegel gleicht sich immer mehr an. Die zunehmende Verantwortung und die verschiedenen Rollen in denen sich jeder Mensch befindet, verursachen immer weitere innere Konflikte, die auf uns einprasseln. Eine schwierige oder komplexe Lebenssituation kann also auch dann entstehen, wenn eigentlich nichts Dramatisches passiert ist. Und das ist ein wichtiger Punkt. Unzufriedenheit und Unwohlsein sind absolut subjektiv. Jeder Mensch empfindet sie für sich individuell. Aber von dritten Personen als belastend angesehen oder anerkannt werden eher die großen, die einschneidenden Lebensereignisse. Doch auch die vielen kleinen Geschehnisse können genauso wie schwerwiegende oder traumatische Erlebnisse zu Überforderung, Überlastung oder zum Tag X führen.

Tag X, das ist der Tag, an dem die Frage aufkommt: »Was mache ich hier eigentlich?!«. Das ist der Tag, an dem das Maß voll ist. An dem das Ende der Fahnenstange erreicht ist. Der Anfang vom Ende. Und der Anfang vom schönen, neuen Leben. Am Tag X schwingt eine ziemliche Dynamik mit. Oftmals ein bisschen Wut (was der Sache erst einmal ganz dienlich ist), Mut, Kampfgeist und der Wille zur Veränderung! Ein wind of change sozusagen. Aber dieser Energielevel hält meistens nicht lange an. Logisch, denn Veränderung ist körperlich betrachtet eine ganz schöne Anstrengung, und: Sie braucht immer Zeit! Und zwar länger als ein, zwei Tage. Diesen Spirit des Änderungswillens langfristig zu nutzen, das ist der Trick.

Und wie macht man das am besten? Genau, in dem man sich in dieser Phase einen Masterplan ausarbeitet, der langfristig angelegt ist und auch zum Leben nach der Euphorie passt.

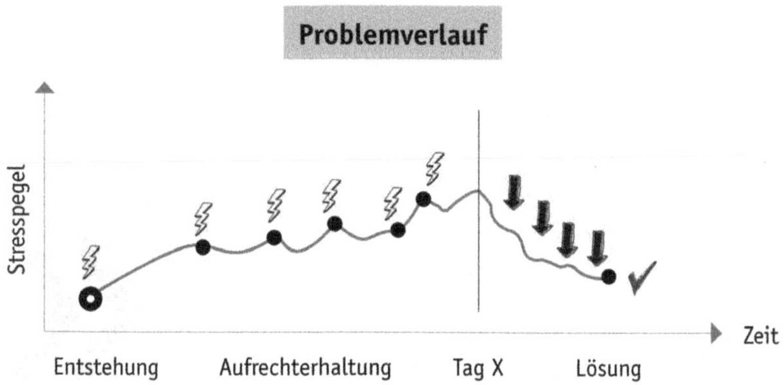

»

Sei du selbst die Veränderung, die du dir wünschst für diese Welt.

Mahatma Gandhi (1869–1948), indischer Rechtsanwalt, Widerstandskämpfer, Revolutionär, Publizist, Morallehrer, Asket und Pazifist

«

Die Aufgabe besteht darin, die Maßnahmen herauszufinden, die der aktuellen Situation mit dem kleinstmöglichen inneren Widerstand an den Kragen gehen. Und das sind tatsächlich zu neunundneunzig Prozent immer mehrere verschiedene Maßnahmen. In unserem Kopf – besonders am Tag X – schwirrt jedoch der Wunsch umher die eine Maßnahme zu ergreifen, die alles heilt.

Einfluss auf unser Leben haben aber zu viele verschiedene Personen, zu viele Verpflichtungen, zu viele äußere Rahmenbedingungen, und so weiter, dass nicht alle Faktoren gleichzeitig ausgemerzt werden können, außer vielleicht man siedelt auf den Mars um: Keine Menschen, neue Umgebung, keine Verpflichtungen. Alle Probleme gelöst.

Aber im Ernst: Seien Sie sicher – auch wenn ein befristeter Ausstieg aus der aktuellen Situation durchaus empfehlenswert ist – es werden garantiert neue Probleme auftauchen. Denn, eines steht fest: Egal wo sie hingehen, Sie nehmen sich selbst immer mit.

Wenn es also die eine Lösung nicht gibt, was dann? Die Kunst ist unter Berücksichtigung aller Faktoren Ihres Lebens herauszufinden, was Ihre ureigensten Themen und Prägungen sind und sie aufzulösen. Körperliches Wohlbefinden, erfüllende Beziehungen, den passenden Job zu Ihrer Lebensphilosophie, Engagement für Themen, die Ihnen am Herzen liegen und und und.

In dieser Kombination erreichen Sie Zufriedenheit, Stressfreiheit und Widerstandsfähigkeit gegen neue Probleme. Es stellt sich ein Gleichgewicht zwischen Belastung und Entlastung ein. Und darauf kommt es an.

Probleme händeln

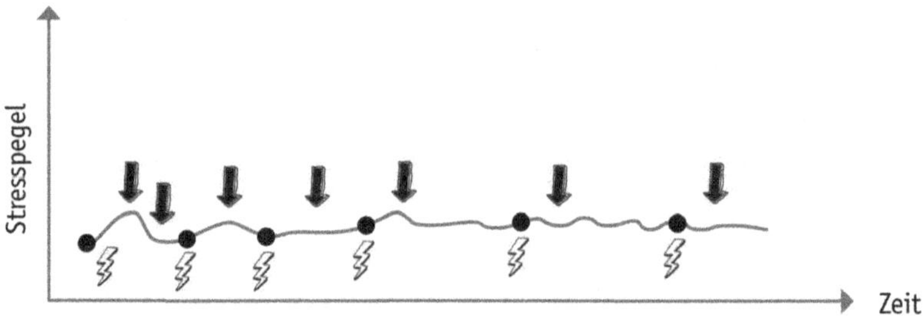

Wozu sind Pläne gut?

»Erst durchdacht, dann gemacht!«

Professor Habakuk Tibatong (aus Urmel aus dem Eis von Max Kruse)

Das erklärte Ziel der Zehnder-Methode ist, möglichst entspannt und ohne Hauruck-Aktionen langfristig eine Veränderung in der Lebensweise herbeizuführen, aber dennoch sofort einen Effekt zu verspüren. Also braucht es neben dem Wissen über die Komponenten eines Problems und dessen Ursache auch eine solide Auswahlmöglichkeit an Lösungsansätzen. Kurzfristige und langfristige. Aber alle auf einmal anzugehen, führt vermutlich direkt wieder zu Misserfolg und Frustration. Also machen wir uns doch einfach einen Plan. Einen Masterplan, der uns genau dahin bringt, wohin wir wollen. Nämlich zur endgültigen Lösung der aktuellen Situation.

Einen Plan zu haben bedeutet, zu wissen, wann etwas zu tun ist. Klar. Gleichzeitig bedeutet es aber auch, zu wissen, was gerade nicht zu tun ist. Und das ist interessant, wenn es darum geht, etwas zu verändern. Eines nach dem anderen.

Einen Plan zu entwerfen, beinhaltet einerseits die Aneinanderreihung von Schritten und deren Terminierung, die Benennung von Beteiligten beziehungsweise Hilfsmitteln – und auch die Notiz von Abhängigkeiten. Also angenommen, Sie hätten bereits einen ganzen Sack voller Ideen zur Lösung Ihrer Probleme, dann müssten Sie entscheiden, womit Sie anfangen und womit nicht. Was ist der erste Schritt, was der zweite? Aber welche Schritte lassen sich denn bequem gleichzeitig gehen? Welcher Schritt bereitet einen anderen vielleicht schon vor? Für welchen gibt es günstige oder ungünstige Rahmenbedingungen? Welche müssen wegen der Auswirkungen sofort angegangen werden, welche sind zeitlich unkritisch? Welche Schritte sind sicher notwendig, für welche gibt es noch kein klares Go von Ihnen selbst?

Wenn Sie sich auf diese Weise mit den gefundenen Lösungsoptionen beschäftigen, gewinnen Sie Sicherheit. Sie entscheiden sich bewusst dafür, das eine zu tun, das andere aber (noch) nicht zu tun.

Ein Plan ist ein lebendes Objekt. Er ist ein Orientierungsmittel, mehr aber auch nicht. Wie heißt es so schön: Nichts ist so alt wie die Zeitung von gestern. Genauso ist es auch mit Plänen.

Ein Plan verändert sich kontinuierlich. Er entwickelt sich. Das, was heute Gültigkeit hat, kann morgen schon wieder hinfällig sein. Lernen Sie, flexibel zu sein – und haben Sie genug Material vorrätig, um immer locker auf Planänderungen reagieren zu können. Der häufigste Fehler bei Planungen ist wohl, zu glauben, dass er starr ist. Als guter Manager – und für Ihr Leben sind Sie der Manager – brauchen Sie immer Alternativen in der Hinterhand. Alternative Handlungsschritte und alternative Pläne. Ein Ass im Ärmel, sozusagen.

4.

Master of Desaster: Die Zehnder-Methode

Sie haben meine Geschichte gelesen und vermutlich mitbekommen, dass ich so einiges um die Ohren hatte. Irgendwann kam aber der Punkt, an dem sich alles, was ich je getan hatte, als richtig erwiesen hat. Ich hatte genau die richtigen Entscheidungen getroffen, die richtigen Leute kennengelernt oder wieder weggeschickt, zur rechten Zeit abgewartet, Gelegenheiten beim Schopfe gepackt. Irgendwann habe ich mir überlegt: wie mache ich das eigentlich? Wie geht das? Und ich konnte tatsächlich ein Konzept, eine Strategie erkennen, die ich immer, egal in welcher Lebenslage, vollständig oder in Teilen anwende. Das heißt für Sie als Leser: Nehmen Sie sich einfach das raus, was für Sie passt. Vielleicht ist der eine oder andere Schritt im Augenblick gar nicht notwendig – aber vermutlich sind Sie selbst auf den einen oder anderen Schritt noch nicht gekommen. Meine Strategie umfasst drei Abschnitte mit verschiedenem Schwerpunkt:

- Was ist das Thema? Hier geht es darum, sich selbst und das Problem gut kennenzulernen. Das ist der wirklich unangenehme Teil.
- Wie angehen? Hier geht es darum, sich mit dem Verstand, quasi im Selbststudium, so viele Möglichkeiten wie möglich zu suchen und zu bewerten, ob sie zu Ihnen passen oder nicht. Das ist der interessante Teil. Hier wird gelernt.
- Der Masterplan: Jetzt geht's darum, wann was bis wann mit möglichst überschaubarem Aufwand gemacht wird und was (noch) nicht. Das ist der spannende Teil. Hier wird umgesetzt.

Die Methodik ist leicht erklärt. Worauf es aber ankommt, ist, dass Sie als Leser aktiv werden. Sie werden beim Lesen immer wieder Fragen gestellt bekommen, die Sie für sich beantworten sollten. Und natürlich werden Sie einiges an Wissen vermittelt bekommen. Wenn Sie den Text lesen wie einen Roman, werden Sie nur einen Teil des Nutzens für sich selbst feststellen können. Und vor allem haben Sie vieles, was Sie für sich als wichtig erkannt haben, nach einiger Zeit wieder vergessen.

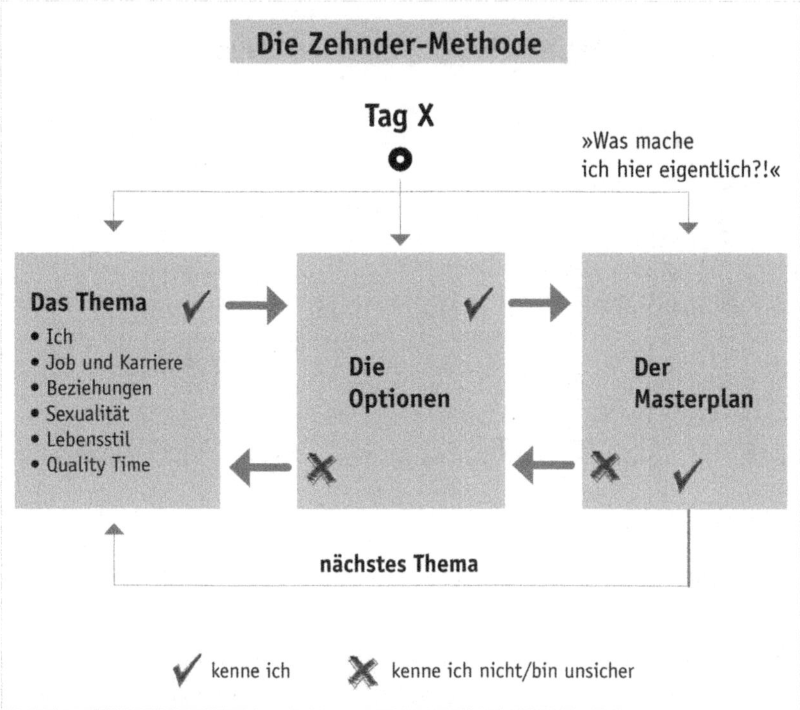

Exkurs: Vergessen

Genau genommen ist die Halbwertszeit von neu Gelerntem gerade mal dreißig Minuten. Danach ist nur noch ein Bruchteil des Stoffes in Erinnerung. Dumm ist nur: Wir haben keinen Einfluss darauf, welcher Teil haften bleibt. Und das Vergessen geht danach auch noch weiter. Das veranschaulicht schön die Vergessenskurve von Professor Hermann Ebbinghaus. Sie erklärt, warum wir nach dem Urlaub, wenn wir ins Büro zurückkommen, unsere Passwörter meistens nicht mehr wissen.

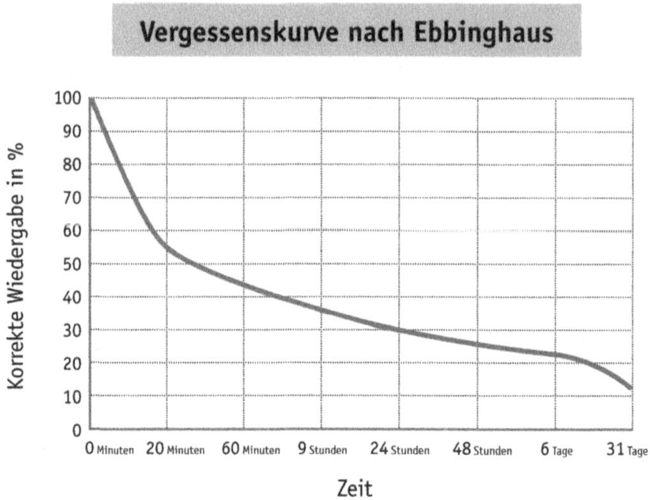

Es braucht also eine Strategie. Eine, die uns ermöglicht, Gelerntes zu erinnern und langfristig in unserem Gehirn zu manifestieren. Dabei hat sich die Methode des verteilten Lernens bewährt. Wenn neues gelernt wird, dann am besten durch Wiederholung der Inhalte. Für die langfristige Erinnerung ist es am hilfreichsten, Inhalte nur wöchentlich oder monatlich zu wiederholen. Dadurch prägt sich die Information am nachhaltigsten ein.

Damit Sie also möglichst viel für sich erinnern und behalten können, benötigen Sie ein Hilfsmittel, das Wiederholung ermöglicht. Auch wenn es mich freuen würde, gehe ich nicht davon aus, dass Sie Bücher mehrfach vollständig durchlesen.

Alles, was Sie brauchen, ist Ihr persönliches »Schlaues Buch«. Ein Notizbuch, in dem Sie die Erkenntnisse und Informationen notieren, die Sie im Laufe des Lesens dieses Buches und darüber hinaus im Laufe der Umsetzung in Erfahrung bringen. Mein schlaues Buch ist ein schwarzer DIN-A5-Ringblock mit abwaschbarem Rücken, kariert und mit der Möglichkeit, einen Kugelschreiber zu befestigen. Es enthält nur Listen: Ich notiere mir alles, was mir so einfällt, wie die Geschenke-für-Liste in der ich einfach wild alles notiere, was mir als potenzielles Geschenk für jemanden einfällt. (Eine äußerst nützliche Angelegenheit, die einem richtig viel Stress erspart, wenn plötzlich wieder Weihnachten ist.)

Aber es enthält auch Listen zu den Fragen, die ich auf den nächsten Seiten stelle. Pro Frage ein Blatt (Vorder- und Rückseite), die Frage ist die Überschrift, danach kommen nur noch Stichpunkte.

Ihr schlaues Buch muss nicht genauso aussehen, aber bedenken Sie, es sollte immer parat sein. Und es ist ein Unterschied, ob Sie solche Informationen in ein Gerät tippen oder mit der Hand schreiben. Aber wählen Sie das Medium, das am besten zu Ihrem Alltag passt. Zettel und Stift oder Handy-Memo, das ist Geschmackssache. Nur schreiben müssen Sie es, nicht diktieren, das ist wichtig. Und denken Sie noch nicht einmal daran, dass Sie alles einfach im Kopf behalten. Das Medium Gehirn ist für unsere Zwecke eher ungeeignet, es soll unter anderem auch entlastet und aufgeräumt werden. Ja, und dann kann es auch schon losgehen.

Das Thema

Um herauszufinden, was eigentlich das Thema ist, um das es geht, bedarf es zunächst einer Begutachtung der vorliegenden Situation. Dazu gehören erst einmal Sie selbst und dann das Problem – oder vermutlich eher die Probleme – mit allen Facetten. Aber auch ein wenig Analyse, wie sich die Lage überhaupt so entwickelt hat. Daraus lässt sich einiges ableiten und erklären. Deshalb fangen wir damit auch direkt an.

Strukturiert an den Kragen

Was jetzt fehlt, ist eine Struktur und sind mögliche Herangehensweisen, die dabei unterstützen, alle Informationen noch einmal der Reihe nach zu verarbeiten. Dazu hilft es, die Gesamtsituation einzeln aus drei Perspektiven zu durchleuchten, die da lauten: Herkunft, Gegenwart und Zukunft.

Die Herkunft

Sie sagt viel darüber aus, was ursächlich ist.
Überlegen Sie sich einmal:

- Wodurch ist Ihre Situation entstanden?
- Was war der Auslöser?
- Unter welchen Bedingungen ist das Problem entstanden?
- Was haben Sie selbst dazu beigetragen?
- Wer war in der Vergangenheit beteiligt?

Das sind wichtige Fragen, die sich jeder stellen sollte, der wirkliches Interesse daran hat, etwas zu verändern. Die Ursache des Problems kann ein Ereignis sein, ein Mensch, ein Streitthema oder auch eine Fehlentscheidung. Ganz egal, es geht nicht darum Verantwortung zuzuschieben, sondern darum, sich klar zu machen, was genau ursächlich war. Das erklärt oft einiges und verschafft uns den nötigen Durchblick. Auch die Rahmenbedingen spielen eine große Rolle. Vielleicht war es nur ein Missgeschick, vielleicht eine besondere Stresssituation. Beides kann einfach vorkommen im Leben und beides kann zu Unaufmerksamkeit oder Kurzschlusshandlungen führen. Kein Problem, die Umstände müssen nur zur Kenntnis und angenommen werden. Zu sagen »Ja, das ist so passiert« kann einen inneren Widerstand brechen. Und Widerstand können wir bei unserem Aufräumprojekt ganz und gar nicht gebrauchen.

Wenn klar ist, was genau der Auslöser war, stellt sich eigentlich nur noch die Frage: Warum ich? Kennen Sie das, dass Sie sich die Haare raufen, weil Sie nicht verstehen, warum ausgerechnet Sie das eine oder andere ausbaden müssen? Das liegt daran, wie Sie sich verhalten – oder verhalten haben. Unser Verhalten bestimmt, wie es uns geht. Wer nein zu etwas sagt und es trotzdem macht, der hat ein Problem. Wer sich mit Menschen umgibt, die ihm schaden und trotzdem nicht geht, der hat (früher oder später) ein Problem. Oder mehrere.

Also, noch einmal zurück zum Ausgangspunkt: Wie haben Sie sich verhalten als es los ging? Es geht nicht um richtig oder falsch, gut oder schlecht. Es geht nur um das Erkennen. »Was genau haben Sie getan?« statt »Was genau hätten Sie tun müssen?«. Tja, und manchmal ist die Antwort darauf einfach: Gar nichts haben Sie getan. Und das wäre genau der Punkt. Manchmal gehen wir zum Beispiel nicht rechtzeitig, obwohl sich etwas zusammenbraut. Es drängt sich die Frage auf: Warum nicht? Das sind oft innere Antreiber oder Erziehung, so dass wir aus vermeintlichem Anstand oder Höflichkeit nicht handeln und uns damit in die Bredouille bringen. Ach, da fällt mir noch eine spannende Frage ein: ist Ihnen das schon öfter passiert, dass Sie nicht gehandelt haben, obwohl Sie es hätten tun müssen?

Wenn ja: Bitte dringend hinterfragen, in welchem Zusammenhang das war und durch wen Sie es gelernt haben, sich so zu verhalten.

»Das Leben ist ein hervorragender Lehrer. Wenn du eine Lektion nicht verstanden hast, wiederholt es sie einfach.«

unbekannt

Die spannende Frage ist jetzt, wer eigentlich alles zur ursprünglichen Situation dazu gehörte. Wer war an der Entstehung beteiligt und zwar aktiv durch Handlungen oder Worte, oder auch passiv, also durch Unterlassung. Gerade bei beruflichen Problemen stellt sich sehr oft heraus, dass die Unterlassung einer wichtigen Person dafür sorgt, dass viele Probleme entstehen. Ein nicht zu unterschätzender Punkt, auf den ich später noch einmal genauer eingehen werde.

Wenn Ihr Schreibtisch also überquillt, denken Sie doch mal darüber nach, wessen Job Sie gerade mit übernehmen. Oder auch: Ist mein Burn-out eigentlich meiner oder der von jemand anderem ...?

Kleiner Tipp am Rande: Wenn Sie denken, Sie kennen die Ursache bereits, dann überdenken Sie diese noch einmal. Es schleichen sich in unseren Meinungen manchmal Fehler ein. Und der Mensch verändert sich, kontinuierlich. Vielleicht sehen Sie die Sache heute ganz anders als zu dem Zeitpunkt, als Sie zuletzt darüber nachgedacht haben.

Die Gegenwart

Nun gut, die Herkunft wäre also geklärt. Aber vorbei ist vorbei, auf die Vergangenheit kann man keinen Einfluss mehr nehmen. Auf die Gegenwart schon. Und die kann inzwischen schon ganz anders sein, als die ursprüngliche Situation. Gewohnheiten schleichen sich ein, ein eher belastender Zustand kann im Laufe der Zeit als gegeben hingenommen werden. Der Ehrgeiz, die Empörung oder der Wille zur Veränderung kann sich in der Zwischenzeit wieder gelegt haben. Und so kommt es dazu, dass ein unliebsamer Zustand ganz oder in Teilen akzeptiert wird. Und was wir akzeptieren, ändern wir nicht.

Vergleichen Sie doch einmal, wie Sie die Situation heute bewerten und wie anfangs. Hat sie sich aus Ihrer Sicht verbessert oder eher verschlechtert? Welche Personen haben sich klammheimlich aus der Situation entfernt, welche sind hinzugekommen? Wie hat sich die Lage sachlich entwickelt, wie steht es also um die Fakten? Wie konnten Sie sich an die Lage gewöhnen – oder haben Sie das gar nicht und plagen sich noch immer regelmäßig ab?

Manchmal verändern sich die Umstände im Laufe der Zeit ins Positive. Schmerzen werden weniger, man kommt langsam klar. Oder es finden sich Teillösungen, die den Umfang des Problemszenarios schon einmal reduzieren. Man lernt damit zu leben. Und übersieht vielleicht doch, dass man gar nicht damit leben muss, sondern die Lage auch so verändern kann, dass es das Problem gar nicht mehr gibt. Damit leben ist etwas anderes als etwas annehmen oder etwas loszulassen. Damit leben heißt, ich trage es mit mir mit. Obwohl es mich weiterhin stört oder belastet. Betrachten Sie nun also die Situation genauso, wie Sie sie jetzt empfinden. Undiplomatisch und ohne Berücksichtigung beschwichtigender Kalendersprüche. Ganz geradeaus.

Woran erkennen Sie, dass das Problem noch da ist? Wie geht es Ihnen heute mit der Situation? Welche Auswirkungen bekommen Sie heute noch zu spüren?

Zu jedem Zeitpunkt in Ihrem Leben ist nur eines wirklich wichtig: nämlich das Gefühl. Wie wir uns mit einer Situation fühlen ist ausschlaggebend dafür, wie belastend sie ist. Es ist eine Frage der subjektiven Wahrnehmung der Situation. Der eine reagiert massiv eifersüchtig, der andere bleibt völlig entspannt. Wieder ein anderer regt sich über den Chef auf, der nächste nimmt den Chef gerade mal zur Kenntnis und arbeitet weiter. Das unangenehme bei so aufbrausenden Gefühlen ist, dass sie uns sehr stark in unserem Denken und Handeln einschränken. Wir sehen rot und ticken nicht mehr richtig. An Konzentration ist nicht zu denken. Das Eheproblem liegt förmlich vor uns auf dem Schreibtisch. Übrigens: Zwischenmenschliche Konflikte lösen einen viel höheren Stresspegel aus als ein sachlicher Konflikt. Stellen Sie sich vor, sie arbeiten in einem harmonischen Team und das Arbeitsergebnis wird bei der Präsentation von den Kunden in der Luft zerrissen. Das ist unschön, frustrierend, niederschmetternd. Jetzt stellen Sie sich vor, in Ihrem Team ist ein Kollege, der Ihnen die Arbeit komplett madig macht. Der speziell mit Ihnen rüde umspringt oder der unzuverlässig ist und damit das ganze Team immer wieder torpediert. Welche der beiden Situationen würde Sie mehr belasten? Emotionale Situationen haben es echt in sich. Wut, zum Beispiel, ist ganz schön anstrengend und zehrt langfristig die Reserven.

Entscheidend ist heute, in der Gegenwart, erst einmal nur: Wie empfinden Sie selbst die Situation und welche Gefühle sind für Sie damit verbunden? Dabei spielt auch eine wesentliche Rolle, in welchem Umfeld man sich bewegt.

Der Maßstab und die Toleranzgrenzen gegenüber bestimmten Themen oder Verhaltensweisen wird massiv von unserem Umfeld mit vorgegeben. Befindet man sich in einem Umfeld, in dem übermäßiger Kaffeekonsum als normal gilt, verschiebt sich die eigene Toleranzgrenze. Umgeben uns unzufriedene Menschen, beginnen wir selbst damit, unzufrieden zu sein. Es färbt sozusagen ab. Gestik, Rhetorik, Hemmschwellen, all das geben unsere Mitmenschen – in ihrer Summe – vor. Wir stellen uns in einer Gruppe automatisch aufeinander ein. Es ist daher besonders nützlich für eine Veränderung, sich mit Menschen zu umgeben, die das, was man tun möchte, bereits getan haben oder dem Vorhaben positiv gegenüberstehen. Das ist wohl das beste Schmiermittel für eine grundlegende Veränderung. Achten Sie darauf, wer um Sie herumschwirrt, im Alltag, im Job, in der Freizeit und entscheiden Sie, bewusst, ob das die richtigen Personen mit der richtigen Einstellung sind.

»

Was dich umgibt, das prägt dich.

Vera F. Birkenbihl (1846–2011), Autorin

«

Auch dazu nützt es, den Vergleich zwischen früher und heute anzustellen und zu überprüfen, was sich in der Zwischenzeit, seit der Entstehung des Problems, verändert hat. Die Situation kann sich inzwischen anders anfühlen. Es können ganz andere Personen beteiligt sein: Leidtragende wie Verursacher. Es können sich Eigenschaften oder Angewohnheiten entwickelt haben, die man früher nicht hatte. Was fällt Ihnen dazu ein?

Gibt es eine schwierige Situation, dann sind Auswirkungen manchmal sichtbar, aber immer auch spürbar. Würden wir nicht spüren, dass etwas nicht stimmt – ein ungutes Gefühl, Schmerz, Sorgen, Enttäuschung, Trauer, Wut – würden wir die Situation nicht als schwierig einstufen. Nur leider sind viele Menschen nicht damit vertraut zu erkennen, wie es ihnen geht und vegetieren unheilschwanger vor sich hin. Es ist auch einfach nicht so wirklich gesellschaftsfähig, zu sagen, dass es einem nicht gut geht, obwohl ständig danach gefragt wird. Gleichzeitig sind wir kaum darin geübt, unser Bauchgefühl wahrzunehmen. Das müssen wir trainieren und bringen dadurch ganz neue Möglichkeiten ins Spiel.

Exkurs: Gefühl erkennen

Die einfachste Übung ist, sich mehrmals am Tag einen Merker zu setzen und bewusst zu hinterfragen, wie man sich gerade in diesem Augenblick fühlt. Nicht vorhin, nicht gestern, nicht letzte Woche, sondern: jetzt. In gewisser Weise ist die Erforschung eines Gefühls (wie es die Jedi-Ritter nennen) ein Stressfaktor. Denn offenbar tun wir unbewusst einiges dafür, dass es nicht wahrgenommen wird. Ein Gefühl zu unterdrücken ist ein Schutzmechanismus. Schutzmechanismen aufzugeben ist wiederum ein Risiko, eine Gefahr. Also wird die Atmung mit hoher Wahrscheinlichkeit flacher.

Setzen Sie sich ins Freie oder an ein Fenster, um den Blick in die Weite schweifen lassen zu können. Oder Sie schließen die Augen einfach. Die Sitzposition sollte unbedingt aufrecht sein, mit gerader Wirbelsäule, um die Atmung möglichst nicht einzuschränken. Wie oben schon erklärt, stockt die Atmung, wenn wir Stress haben und erhält ihn damit aufrecht.

Üben Sie wie folgt:

- *Sitzen Sie gerade, Wirbelsäule gerade, Hände auf den Bauch.*
- *Atmen Sie in den Bauch.*
- *Horchen Sie in sich hinein.*
- *Beobachten Sie, welche Gefühle auftauchen.*
- *Versuchen Sie, sie zu benennen.*

Als Hilfestellung finden Sie im Anhang eine Liste mit möglichen Gefühlen, die ich persönlich recht hilfreich finde. Beginnen Sie mit fünf Minuten, später auch gerne mehr. Entscheiden Sie selbst, ob einmal am Tag oder öfter. Fünf Tage nacheinander sollten fürs Erste genügen. Dies ist eine erste einfache Meditationstechnik für jedermann. Und es ist die beste Prävention gegen zukünftigen Stress.

Zum Glück genügt es, sich selbst im Klaren darüber zu sein, wie es einem geht. Das ist weitaus wichtiger, als dass es ein anderer weiß. Oder dass ich mich einer anderen Person erkläre. Nur dann, wenn ich selbst weiß, wie es mir gerade geht, kann ich darauf reagieren. Egal, wie andere meine Verfassung bewerten würden.

Sich selbst anzuerkennen und zu erkennen, was Situationen, Ereignisse oder Personen in uns auslösen, das ist der Schlüssel zum Glück. Denn dann können Entscheidungen getroffen werden, wie es weitergehen soll. Doch bedenken Sie auch: Wenn sich nie etwas ändert, dann bleibt alles, wie es ist.

Die Zukunft

Herkunft und Gegenwart zu analysieren ist etwas, dass man als Mensch kraft seines Erinnerungsvermögens, seiner Erfahrungen und auch Emotionen durchführen kann. Es sind Zeiträume, die rational greifbar und begrenzt sind. Die Zukunft jedoch ist ein absolut unkalkulierbarer Zeitraum. Sie beginnt immer im nächsten Moment. Jetzt gerade schreibe ich an meinem Manuskript und im nächsten Moment könnte schon der Anruf meines nächsten Kunden eingehen. Der Beginn der Zukunft verschiebt sich also die ganze Zeit. Das erzeugt bei manchen Menschen Druck: Ich wollte etwas anfangen, habe jetzt aber die erste, zweite, dritte und so weiter Gelegenheit verpasst. Dabei ist einfach nur Zeit vergangen und ein paar Momente sind verstrichen.

Die Zukunft hat kein Ende. Wir wissen nicht, wann unsere eigene Lebenszeit vorbei ist. Wir wissen nicht, wann die Lebenszeit von unseren Kindern endet. Über Zukunft nachzudenken bedeutet, sich mit etwas zu beschäftigen, dass man einfach nicht weiß. Niemand kann sagen, was in Zukunft passieren wird. Aber die Entscheidungen, die heute anstehen, können wir darauf ausrichten, was wir uns für die Zukunft wünschen. Einen Wunsch zu haben, wie das eigene Leben sein soll? Das klingt für den einen oder anderen vielleicht nach einer Fantasievorstellung. Und das ist es in gewisser Weise auch. Niemand kann garantieren, dass alles genauso eintritt. Doch wenn es kein Zukunftsbild in ihrem Kopf gibt, keine Wünsche für die Art der Lebensgestaltung, dann sind Sie im Blindflug unterwegs.

Ich verwende eben bewusst den Begriff »Wunsch«. Wünsche erlauben Ideen, Innovationen, Fantasie. Erinnern Sie sich noch daran, als Sie sich als Kind etwas zum Geburtstag gewünscht haben? Ich erinnere mich noch genau. Ich lag wach, habe das Objekt der Begierde im Dunkeln förmlich über dem Bett schweben sehen und habe mir ausgemalt, was ich damit tun werde und mit wem, wenn ich es endlich in den Händen halte. Ich konnte nicht schlafen. Vor Aufregung, vor Spannung bis zum Geburtstag und vor Vorfreude auf das Geschenk.

Doch all das verliert sich im Laufe der Zeit. Ich kann mir alles, was ich möchte, selbst kaufen. Monetär betrachtet brauche ich keine Geschenke, so wie es viele meiner Freunde oder Bekannten vor den Geburtstagen sagen. Aber es geht darum, einen Wunsch zu haben und darum, nicht hundertprozentig zu wissen, ob er in Erfüllung geht. Man kann allerdings etwas tun, um dafür zu sorgen, dass die Wahrscheinlichkeit für die Erfüllung steigt. Im Falle des Geburtstages wäre das eine Wunschliste. (Ich habe eine sehr lange, die dankbar von meinen Freunden und Gästen angenommen wird.)

Wenn man nicht weiß, was man sich wünscht, kann man auch nicht darauf hinwirken. Von einem Wunsch – in diesem Falle nun das Wunschbild des eigenen Lebens in der Zukunft – lassen sich nämlich leicht konkrete Ziele ableiten. Und diese können unmittelbar angestrebt werden. Heute. Als Teilschritte hin zu Ihrem Wunschbild sozusagen.

Exkurs: Ziele formulieren

Wünsche oder gute Vorsätze stehen bei den meisten zum Jahreswechsel an. Was daraus wird, kennen wir alle: Spätestens am 6. Januar des neuen Jahres, wenn für die meisten der Weihnachtsurlaub zu Ende geht, überholt uns von links der Alltag. Der Spirit der Silvesternacht, die Ruhe der Weihnachtszeit, das schöne Gefühl des Neubeginns eines jungfräulichen Jahres, alles ist weg. Und damit auch der Gedanke an die Vorsätze.

»

Wer das Ziel kennt, kann entscheiden. Wer entscheidet, findet Ruhe. Wer Ruhe findet, ist sicher. Wer sicher ist, kann überlegen. Wer überlegt, kann verbessern.

Konfuzius (551–479 vor Christus), Lehrmeister

«

Woran liegt das?

Ein guter Vorsatz wird oft in der Manier der edlen Eigenschaft formuliert. Oder in der Defizitperspektive, je nachdem. Damit meine ich zum Beispiel »Ich will mutiger werden!« oder »Ich höre auf zu rauchen!«. Warum verflüchtigen sich derart edle und wichtige Wünsche? Ganz einfach: Mutig zu sein, ist schon eine tolle Eigenschaft. Wozu wird der Mut aber eigentlich benötigt? Also, was genau will ich denn anstellen mit meinem neuen Mut? Die Überlegung muss in eine andere Richtung gehen: Wozu, für welche Situationen, für welche Handlungen ist mir diese Eigenschaft eigentlich nützlich? Nur, wenn ich persönlich etwas davon habe, mache ich es auch. Das ist die vermutlich einzige echte Motivation, die jedem Menschen gleich ist. Sich einen Vorteil oder – weniger egobezogen formuliert – eine Verbesserung zu verschaffen.

Erfahrungsgemäß gehe ich davon aus, dass etliche meiner Leser zunächst in der Phase »Den Wald vor lauter Bäumen nicht sehen« sind. Ausgehend von mir selbst, befürchte ich, dass als erstes ein konkretes Ziel festzusetzen nur mehr Bäume erzeugt als einen Blick auf den Wald. Dennoch hilft es nichts, da müssen wir durch. Wer nicht weiß, wohin er geht, braucht sich auch nicht wundern, wenn er irgendwo herauskommt, wo er eigentlich gar nicht hin wollte.

Also formulieren Sie konkret, welches Ziel sie erreichen wollen und auch wozu. Hier ein paar Anhaltspunkte für Sie:

- *Welche konkrete Eigenschaft brauchen Sie? Welches konkrete Ergebnis wollen Sie erreichen?*
- *Wozu brauchen Sie die Eigenschaft oder das Ergebnis? Also für welche Handlungen, Situationen und so weiter?*
- *Welchen Nutzen bringt es für Sie, dieses Ziel zu erreichen? Also: Was haben Sie davon?*

Ein Beispiel: Ich will mutiger sein.

Frage: In welchen Situationen stört es mich, dass ich zu wenig Mut habe? Woran erkenne ich denn überhaupt, wenn ich einmal zu wenig Mut habe? Für welche Handlung würde ich eine richtige Ladung Mut benötigen? Was kostet mich so richtig Überwindung?

(Auf meinem Zettel mit Dingen, die ich dieses Jahr tun will, steht unter anderem »Ich will vom Zehnmeterturm springen«. Eine ganz konkrete Handlung, bei der ich sehr viel Mut brauchen werde.)

Formulieren Sie positiv, das heißt ohne Verneinungen. Begriffe wie »kein«, »nicht« oder Ähnliches sind tabu. Aus »Ich will nicht unsportlich sein« würde dann »Ich will sportlich sein« werden. Wie sie nicht mehr sein wollen, dürfte schon bekannt sein, aber wie wollen Sie sein?

Wenn Sie ein Ziel formuliert haben, dann können Sie es mit der SMART-Formel prüfen:

S ***pezifisch:*** *Ist das Ziel ganz präzise und konkret formuliert? Ist es positiv formuliert? Ist es in die Zukunft gerichtet?*

M ***essbar:*** *Woran kann man erkennen, wenn es erreicht ist? Kann man es sehen, zählen oder messen? Was genau ist ein erkennbares Ergebnis? (Ein Video, ein Geldbetrag, ein Gegenstand, …)*

A ***ttraktiv:*** *Ist es ein Ziel, dass für Sie selbst erstrebenswert ist? Wenn jemand anderes zu Ihnen sagt, dass Sie etwas Bestimmtes tun oder ändern müssen, dann wird das vielleicht nicht den Ansporn bringen. Was Sie brauchen, ist ein Ziel, dass Ihre volle Zustimmung hat.*

R ealistisch: *Ist es ein Ziel, dass Sie selbst, ganz alleine erreichen können? Sind die Rahmenbedingungen für die Erreichung dieses Ziels vorhanden und liegt es in Ihrer Hand?*

T erminiert: *Bis wann genau werden Sie das Ziel erreicht haben? (Nennen Sie den Termin so präzise wie möglich, vielleicht sogar mit Datum und Uhrzeit.)*

Über das Thema »Ziele und Zielerreichung« gibt es jede Menge Literatur und Methoden. In mancher liest man: Ziele sind lebensnotwendig, damit man vorankommt. Sie müssen klar und eindeutig formuliert werden und brauchen einen präzisen Termin, damit man weiß, worauf man hinarbeitet. In vielen Fällen stimmt das. In manchen aber (noch) nicht. Ich sehe das Thema Ziele etwas differenzierter. Ja, es gibt Themen, für deren Lösung man mit einer präzisen Formulierung von Was-genau-bis-wann-und-mit-welchen-Teilzielen notwendig ist. Wenn es jedoch um die persönliche Entwicklung geht, sehe ich das etwas anders. Entwicklung braucht Zeit. Auch, weil sich mit einer Person oft zwangsläufig auch viele andere Personen verändern (müssen). Versuchen Sie sich selbst auf ein oder mehrere Ziele festzunageln. Aber auch wenn Sie noch zu keinem Punkt kommen, bleiben Sie nicht stehen. Niemand sagt, dass man nicht anfangen kann, obwohl das endgültige Ziel noch nicht bis ins Letzte ausformuliert ist. Und anfangen hilft dabei, zu erkennen, wohin man möchte.

Es ist ein Prozess der durchlaufen oder eine Strecke, die zurückgelegt werden muss. Was nicht rational zu lösen ist, braucht Zeit. Es ist ein Lernprozess, der nicht von jetzt auf gleich funktioniert. Und genau deshalb finde ich, müssen sich auch Zielbilder entwickeln dürfen – und zwar auch mit der Zeit.

Dieses Zukunftsbild kann ich heute entwerfen. Indem ich aber an mir und meiner Situation arbeite, entwickeln sich sukzessive erst die Details oder es ändert sich vielleicht sogar erst noch das ganze Bild. Teilziele oder besser gesagt Teilschritte sind wesentlich. Es heißt nicht umsonst, dass der Weg das Ziel ist.

Alles ist nur ein Zustand. Ein Zustand, der mit einer sehr, sehr hohen Wahrscheinlichkeit nicht bis an das Ende des Lebens andauert. Und wenn man selbst die Situation nicht verändert, kann es passieren, dass andere das tun. Und das vielleicht auf eine Weise, die man selbst nicht möchte. Dieser Gedanke motiviert mich persönlich immer sehr, wenn ich merke, dass ich zögere, eine Situation zu klären oder aufzulösen. Wenn nicht ich, dann ein anderer. Und das gefällt mir (meistens) nicht.

Alles verändert sich permanent. Die Menschen, sprich unser gesamtes Umfeld ist ständig in Bewegung. Wir sind aber überzeugt, dass wir es sehen würden, wenn sich etwas Wesentliches um uns herum tut. Diese Überzeugung bedingt sich durch einen gewissen Drang nach Sicherheit: Wenn ich mir sicher bin, dass ein bestimmter Teil in meinem Leben genauso bleibt, wie er gerade ist, kann ich mich um andere Themen kümmern. Genau deshalb fällt man ganz gern aus allen Wolken, wenn der Partner plötzlich die Beziehung beendet und man selbst nichts davon geahnt hat. Man fühlte sich der Sache sicher und hat sich um andere Dinge gekümmert als um Beziehung, Alltag, Partner et cetera. Das kommt leider vor.

Aber zurück zum Bild Ihrer Zukunft:

- Wie soll Ihr Leben aussehen, wenn die Situation gelöst ist?
- Was soll übrig sein vom alten Leben?
- Was muss weg sein?
- Was soll neu sein?

Vermutlich fallen Ihnen dazu mehrere Szenarien ein. (Ein Strand an der Südsee wäre da ein Klassiker.) Aber einmal ganz auf dem Teppich geblieben: Wie stellen Sie sich Ihr Leben eigentlich vor? Gehen Sie die äußeren Bedingungen, wie Wohnung, Wohnort, Beruf, aber auch Beziehungen (partnerschaftliche, familiäre und freundschaftliche), Interessen, Sexualität et cetera durch. Sie finden in den hinteren Kapiteln reichlich Anregungen zu genau diesen Themen – und das nicht ohne Grund.

Jetzt ist der Mensch unter anderem auch ein soziales Wesen, das gerne das Wohlbefinden anderer in den Vordergrund stellt. Aber bitte nicht jetzt. Es schränkt ein und erzeugt jede Menge Wenn-und-aber. Bewertung wie »Geht nicht, weil …«, »Aber dann passiert …«, »Das gibt Ärger …« spielen jetzt keine Rolle. Ignorieren Sie das einfach. Es geht gerade nur um Sie. In Ihrem Kopf sind Sie frei. Alles, was Sie sich ausdenken, gehört nur Ihnen. Niemand erfährt, was Sie denken, so lange Sie es nicht wollen.

Also raus damit: Wie soll Ihre Zukunft aussehen, so dass Sie sich selbst gut fühlen, zufrieden sind – und vielleicht sogar ein bisschen glücklich … Fassen Sie einen Entschluss.

Wer bin ich?

Nein, das ist diesmal keine philosophische Frage nach dem Sein und Nicht-Sein, wie der eine oder andere vermuten könnte. Die Frage danach, wer Sie sind und was Sie ausmacht, ist gelegentlich recht nützlich. Die wenigsten machen sich darüber ernsthaft Gedanken – es kommt dabei ja auch nicht unbedingt etwas Schönes raus. In der Regel wissen wir nämlich durchaus, wo unser Fehler, also in diesem Fall unser persönlicher Beitrag zur Entstehung oder zur Aufrechterhaltung einer Situation, liegt. Und das gefällt uns nicht. Wir wüssten ja sonst, was wir ändern müssen und davor schrecken wir gerne zurück. Soll doch der andere etwas ändern …! Doch einmal ganz losgelöst davon, ob wirklich Sie selbst eine Änderung starten müssen:

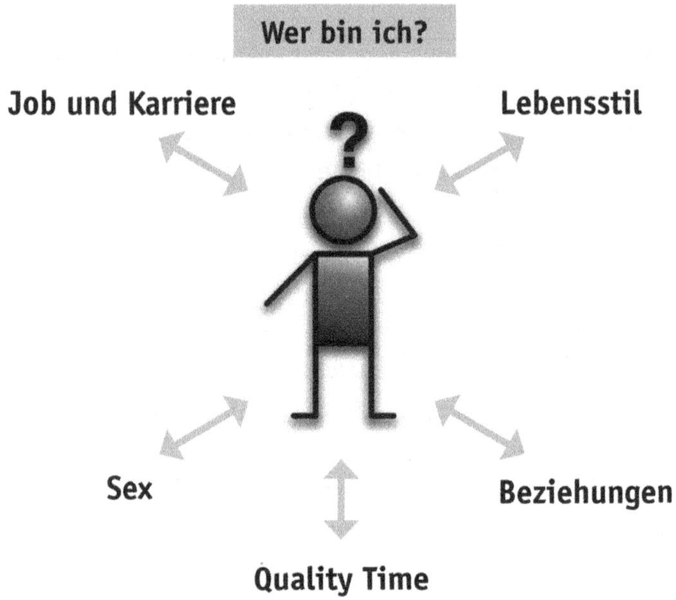

Wenn Sie verstehen, was Ihr Anteil an der Situation ist, was Sie hindert oder auch, was Sie sowieso schon gut können, entmystifiziert sich schnell so manches und das Leben wird schlagartig leichter. Antworten sind immer nützlich. Wenn auch manchmal etwas schmerzhaft. Sie kennen ja sicher den Spruch »Lieber ein Ende mit Schrecken als Schrecken ohne Ende«. Aber dafür haben Sie sich ja schon mal dieses Buch gekauft. Quasi den Anfang vom Ende (ohne mich dabei selbst beleidigen zu wollen).

Es ist wichtig zu verstehen, welches Bild wir von uns selbst haben. Wie viel Wert wir uns zuschreiben und ob wir überhaupt eine gute Meinung von uns haben. Nur dann erklärt sich einiges Grundsätzliches: Wenn ich selbst keine gute Meinung von mir habe, wie sollen sie andere haben? Wenn ich mich für wertlos halte, wie sollen andere mich für wertvoll halten?

»

Der Mensch ist das einzige Lebewesen, das von sich eine schlechte Meinung hat.

George Bernhard Shaw (1856–1950), irischer Dramatiker

«

Ich stelle Ihnen jetzt ein paar Fragen und liefere ein paar Schlagworte zur Inspiration. Ich empfehle Ihnen dringend, die Erkenntnisse zu notieren und ein paar Stichpunkte über sich selbst zu sammeln.

Was treibt Sie an?

Was motiviert Sie, die Dinge zu tun, die Sie tun? Denken Sie dabei nicht nur an die Situation, die Sie gerne auflösen möchten. Es könnte um Liebe, Eitelkeit, Druck von außen, Druck von Ihnen selbst, ein bestimmtes Ziel, Egoismus (im positiven und negativen Sinne), Hilfsbereitschaft, Spaß, Gewohnheit, Vorschriften, Reichtum, Macht, Ablenkung, Existenzangst und vieles mehr gehen. Benennen Sie mindestens drei Dinge, die Sie antreiben.

In der Psychologie ist der Begriff »Innerer Antreiber« recht bekannt. Hierbei geht es um Motivatoren, die uns in der Regel in der Familie eingeprägt wurden. Prüfen Sie doch einmal ab, welche dieser Aussagen Ihrem Verhalten entsprechen:

- Sei perfekt!
- Beeil dich!
- Mach es anderen recht!
- Sei stark!
- Streng dich an!

Wer hat Ihnen das gesagt? Welchen Einfluss hat/hatte der Antreiber auf Ihr Leben?

Woran halten Sie fest?

Die Natur strebt nach Unordnung. Alles verändert sich, die ganze Zeit. Wir können das nicht aufhalten und manchmal noch nicht einmal erkennen. Dann kommt der Tag, an dem wir plötzlich feststellen, dass der Mensch, den man liebt, ein anderer geworden ist. Oder dass er nicht mehr zu einem passt. Der Mensch, den man einst kannte, existiert praktisch nicht mehr. Das stellt uns vor große Herausforderungen. Wir halten uns an allem fest, was wir haben und möchten die Erfahrung des Verlustes umgehen. Das führt uns aber auch dazu, in Situationen zu verharren, die nicht gut für uns sind und uns möglicherweise sogar schaden.

Wie sieht das bei Ihnen aus? Notieren Sie sich bitte, was Ihnen zu den folgenden Punkten einfällt:

- Gibt es Personen, die Sie nicht loslassen können, wie Ex-Partner, Verstorbene, Kinder oder Personen, die etwas Besonderes – Gutes oder Schlechtes – getan haben?
- Können Sie etwas nicht vergessen?
- Wie viel Zeit und emotionale Kapazität nimmt das ein?
- Inwiefern schränkt Sie dieses Festhalten in Ihrer Bewegungs- oder Meinungsfreiheit ein?
- Auf was verzichten Sie dafür?

Das Loslassen ist eine große Sache und eine immer wiederkehrende Aufgabe für uns alle. Ich kann ein Lied davon singen, wie oft ich die Antworten auf diese Fragen für mich selbst beantwortet und überarbeitet habe.

Was macht Ihnen Angst?

Das ist eine sehr, sehr komplexe und tiefgehende Frage. Ich möchte, dass Sie diese eine Zeit lang im Hinterkopf behalten und ganz ehrlich zu sich selbst sind. Was macht Ihnen Angst …? Die Rede ist hier nicht von pathologischer Angst, wie zum Beispiel Panikattacken. Es geht um die alltäglichen Ängste, die jeder mit sich trägt.

Beginnen Sie mit den gegenständlichen, äußerlichen Dingen: Spinnen, Gewitter, mit dem Flugzeug fliegen, … und gehen Sie dann weiter nach innen: Verlust eines Menschen, Verlust der Existenzgrundlage, Krankheit,

Zukunftsängste, Menschenmengen, Aggression. Überlegen Sie, welchen Situationen Sie lieber aus dem Weg gehen und reflektieren Sie, was genau die Angst dahinter ist.

Seien Sie sicher, dass diese Angst Sie auch in anderen Dingen lähmt als den Offensichtlichen. Deshalb ist es sehr, sehr wichtig, sie wenigstens zu kennen und sie zu benennen.

Alles, was Sie sich über sich selbst eingestehen, hilft Ihnen. Wovor man Angst hat, geht niemanden etwas an. Notieren Sie sich, was Ihnen auffällt, aber behalten Sie alles einfach für sich. Ich denke, es ist ein ziemliches Hemmnis, zu glauben, dass alles, was man sich selbst über sich eingesteht, nach außen gelangen könnte. Das stimmt nämlich *überhaupt* nicht. Sie müssen nur sich selbst gegenüber ehrlich und auch mutig genug sein, sich einzugestehen: Jawohl, davor habe ich Angst. Das ist völlig ausreichend. Vielleicht nützt es Ihnen auch zu überlegen, wovor Sie früher Angst hatten und jetzt nicht mehr.

Welche Eigenschaften mögen Sie an sich?

Jeder Mensch mag bestimmte Eigenschaften an anderen, die er jederzeit benennen kann. Aber an sich selbst? Was mögen Sie an sich selbst? Oft fällt es schwer Sätze zu formulieren, die mit »Ich bin…« anfangen. Aber nur zu, jetzt ist das hilfreich. Hier ein paar Anregungen: Ich bin ehrlich, zuverlässig, hilfsbereit, lösungsorientiert, schön, fleißig, zielstrebig, organisiert, leidenschaftlich, kreativ, … Und wieder gilt: aufschreiben, aufschreiben, aufschreiben. Am besten in ganzen Ich-bin-Sätzen.

Wenn Sie Schwierigkeiten damit haben, verrate ich Ihnen einen Trick. Denken Sie an einen Schauspieler oder eine berühmte Person, die Sie sympathisch finden. Notieren Sie, welche Eigenschaften Sie an der Person gut finden. Ein Großteil davon dürfte den Eigenschaften entsprechen, die Sie an sich selbst mögen. Denn Gleichheit erzeugt Sympathie.

Was können Sie gut?

Welche Dinge gehen Ihnen wirklich leicht von der Hand oder was beherrschen Sie aus dem Effeff. Sie liefern einfach immer spitzenmäßige Ergebnisse, wenn Sie das tun. Was ist das? Reden, schreiben, fahren, etwas Handwerkliches vielleicht, oder etwas Künstlerisches wie malen, zeichnen, singen, ein Instrument spielen oder Babys in den Schlaf wiegen, Hunde erziehen, ... Alles Mögliche, nur raus damit.

Und wieder aufschreiben.

Was machen Sie gern?

Hm, ist das nicht das Gleiche wie eben? Nein, eben nicht. Nur, weil man etwas gut kann, heißt das noch lange nicht, dass man es auch gerne tut. (Und umgekehrt: Nicht alles, was man gerne macht, kann man gut.) Nur bürgern sich genau solche Dinge gern ein, weil alle anderen ja auch merken, dass Sie etwas gut machen. Und dann finden Sie sich jeden Tag beim Kochen in der Küche wieder, weil alle anderen Ihr Essen so gern mögen. Aber Sie selbst hassen es zu kochen. Solche Dinge meine ich. Was fällt Ihnen dazu ein? Denken Sie an Ihren Alltag, an Ihren Job, an Ihren Verein, an Ihre Freunde, ...

Aufschreiben nicht vergessen.

Was mögen Sie nicht?

Denken Sie nur mal an Essen: Was mögen Sie nicht? (Egal, ob Sie es trotzdem essen oder nicht.) Wenn Sie sich das bewusst machen, werden Sie feststellen, dass Sie viel leichter einmal »nein« sagen können, und das mit der einfachsten Begründung der Welt: Ich mag das nicht. Kindern wird das ganz gerne mal zugestanden. Sie können jederzeit getrost etwas (oder jemanden) nicht mögen, aber Erwachsene ...?

Nun ja, also ich kann Ihnen sagen, ich mag so einiges nicht. Und auch so manchen Menschen kann ich nicht leiden. Es lässt sich nicht vermeiden, mit Dingen konfrontiert zu werden, die man nicht mag. Doch es wird verständlicher, wenn man sich eingesteht, dass man beispielsweise gerade genervt ist, weil man denjenigen, mit dem man gerade zu tun hat, schlichtweg nicht mag. Klar, könnte man da nun in die Tiefe gehen und das Warum, Wieso, Weshalb erforschen. Aber im Augenblick geht es nur um die Erhebung der Information.

Toben Sie sich aus, machen Sie eine schöne lange Liste von Dingen, Aufgaben und Personen, die Sie nicht mögen. Macht einen riesen Spaß, versprochen.

Was wollen Sie nicht?

Es geht ja recht oft um Ziele und um Zielerreichung in unserer leistungsorientierten Gesellschaft. Stellen Sie sich vor, ein Freund sagt Ihnen: Ich will keine Karriere machen. Wie reagieren Sie innerlich darauf? Etwas, das gesellschaftlich so angesehen ist, wie Karriere zu machen, einfach abzulehnen, könnte zu Irritationen führen.

Worauf ich hinauswill, ist eine bewusste Entscheidung gegen etwas. Das bedeutet, bewusst auf etwas zu verzichten und sich mit den individuell als nicht richtig empfundenen Dingen zu beschäftigen, zum Beispiel: Ich will nicht mit jemandem zusammenleben, der das nicht auch will. Ich will kein Eigentum besitzen. Ich will keine Kinder. Ich will nicht abnehmen. Ich will keinen Sport treiben. Ich will nicht früher aufstehen, als ich unbedingt muss. Und so weiter ...

»

Was ich nicht mag, das kann ich auch nicht leiden. Genau aus diesem Grund lass ich es lieber bleiben.

Aus »Was ich nicht mag« (1989) von den Abstürzenden Brieftauben, einer Punkband aus Hannover

«

Wenn Sie sich gegen etwas entscheiden, dann können Sie einfacher mit den Konsequenzen leben. Ein Freund von mir ist ein echter Rockstar. Er trinkt maßlos, raucht wie ein Schlot, ist hochgradig übergewichtig und führt ein äußerst ungeregeltes Leben. Viele durchzechte, ausgesprochen witzige Nächte habe ich mit ihm erlebt. Der Mann kann Geschichten erzählen, das ist unglaublich. Inzwischen ist er dreiundfünfzig, hat mehrere Bandscheibenvorfälle, eine Herz-OP und Nervenschmerzen in den Beinen, so dass er an manchen Tage nicht laufen kann. Er macht weiter wie bisher ohne auch nur zu zucken. Er sagt: Ich will nichts ändern. Ich will mein Leben so leben, wie ich es immer gemacht habe, denn das ist genau das, was ich will. Er wird früh sterben, mein Freund. Aber auch glücklich. Ich sage immer mit einem Augenzwinkern: »Am Ende überlebt dich noch Ozzy Osbourne«. Na ja, ich werde sehr traurig sein, wenn es soweit ist, aber ich habe keinen Zweifel, dass er für sich das Richtige tut. Und alle, die ihn genauso kennen und lieben wie ich, sind der gleichen Meinung.

Das nur als Episode zwischendurch. Zurück zu Ihnen: Was wollen Sie nicht? Schreiben Sie es auf.

Zu wissen, was man will, beginnt damit, zu wissen, was man nicht will.

Nun zugegeben, sich zu allererst mit sich selbst zu befassen ist schon starker Tobak. Aber es hilft nun einmal nichts, Sie selbst sind der größte Risikofaktor bei Ihrem Masterplan-Projekt. Deshalb ist der Part einfach sehr, sehr wichtig. Aber machen wir doch einen weiteren kleinen Exkurs. Damit Sie etwas verschnaufen können.

Exkurs: Ressourcen

Den Begriff »Ressource« kennen Sie vermutlich als Bezeichnung für Arbeitsmittel oder Bodenschätze, die als Rohstoff für die Produktion von Gütern verwendet werden. Übertragen auf die körperlichen und mentalen Leistungen, die jeder von uns tagtäglich vollbringt, stellen sich die Fragen: Welche Ressourcen haben wir eigentlich zur Verfügung, um unsere Ergebnisse zu produzieren? Also woher ziehen wir eigentlich die Kraft, wenn es anstrengend wird? Woher die Erholung, wenn wir frei haben? Was hilft uns, schwierige Situationen zu bewältigen, woher wissen wir, wie etwas zu tun ist? Nun, das ist schon sehr individuell. Denn was dem einen nützt, nützt dem anderen rein gar nichts. Trotzdem – oder gerade deswegen – stellen Sie sich doch einfach mal die Frage, woraus Sie eigentlich Kraft ziehen. Erinnern Sie sich einmal an die letzte Situation, in der Sie sich Sorgen gemacht haben oder es Ihnen nicht gut ging. Wie sind Sie da wieder herausgekommen? Was haben Sie gemacht, wer hat Ihnen geholfen oder was haben Sie genutzt?

Hier habe ich ein paar Anregungen für Sie:
Essen und Trinken, frische Luft, Schlaf, bestimmte Menschen, Gespräche, Körperkontakt, Entspannung, Lachen, Musik, Kultur, intellektuelle Stimulation, Wärme, Wasser, professionelles Coaching oder Beratung, Medikamente, Geld, Besitz, körperliche Arbeit, Wissen, Interessen, Beziehungen (im Sinne von Vitamin-B), …

Also, wenn Ihnen hilft, zu lachen (und das dürfte bei den meisten der Fall sein), beschaffen Sie sich Spaß. Rufen Sie jemanden an, der Sie zum Lachen bringt oder schauen Sie sich einen Comedian an, der genau Ihren Humor trifft. Das ist dann Ressourcenbeschaffung.

Von Bedingungen und Spielregeln

Vor einer Verhandlung mit einem Geschäftspartner setzen sich beide Parteien hin und bereiten sich vor. Sie gehen die möglichen Szenarien durch, die bei der Verhandlung eintreten können. Und sie legen vorher ihre Bedingungen fest. Welche Risiken werden in Kauf genommen, wie hoch ist die Grenze der Investition, welche personellen Forderungen gibt es und so weiter. Ohne diese Vorbereitung ist eine Verhandlung nicht gerade empfehlenswert, denn ein gutes Geschäft kommt immer erst dann zustande, wenn beide Seiten etwas davon haben. Jetzt geht es darum, sich auf eine Verhandlung mit sich selbst vorzubereiten. Es gilt herauszufinden, was eigentlich Ihre Bedingungen und Ihre Kriterien sind. Dafür nützen Ihnen die notierten Antworten aus den vorhergehenden Fragestellungen.

Nehmen Sie sich eine Antwort nach der nächsten heraus und betrachten sie Sie: Ist die Antwort positiv formuliert? Wenn nein, dann formulieren Sie den Satz positiv, wenn es geht. Das geht am einfachsten, indem Sie Verneinungen wie »nicht« oder »kein« herausnehmen und die Aussage umkehren »allein« wird zu »zusammen«, »Angst« wird zu »Mut«. Und dann fangen Sie einfach wieder mit »Ich will ...« an, das ist ohnehin schon recht positiv.

»Ich will nicht allein sein« wird dann zu »Ich will mit jemandem zusammenleben«. Davon ausgehend nehmen Sie den Satz rein sprachlich auseinander: Wer oder was ist jemand? Ein Mann, eine Frau, ein Hund, ein Goldfisch, ...? Genügt mir eine Wohngemeinschaft oder geht es um eine Partnerschaft?

Was genau bedeutet zusammenleben? In einer Wohnung, in einem Ort, aber mit engem Kontakt? Fünf Tage die Woche oder reicht es auch am Wochenende? Reicht mir ein einzelner Mensch oder braucht es mehrere? Wenn ich nur mit einem Menschen zusammenleben will, was ist, wenn er Anhang hat und Kinder tageweise da sind?

Werden Sie ganz konkret. Formulieren Sie Ihre Forderungen genau aus.

Tja, jetzt sind Sie erst einmal beschäftigt. Wenn Sie alle Antworten sauber durcharbeiten, haben Sie einen Katalog an Kriterien, die präzise benennen, was Ihre Bedingungen sind. Es geht auch hier nur darum, sich der Kriterien klar zu werden. Sie sind nicht in Stein gemeißelt und wie bei jeder Verhandlung geht man während der Auseinandersetzung mit dem Verhandlungsgegenstand selbstverständlich auch Kompromisse ein. Keine Frage. Das ist es, was eine Verhandlung ausmacht. Nur dürfen es keine Kompromisse sein, die das Verhandlungsergebnis für Sie unbrauchbar oder sogar schädigend ausfallen lassen. Sorgen Sie einfach dafür, dass Sie sich nicht selbst über den Tisch ziehen.

Das Schöne ist natürlich, dass Sie diese Vorgehensweise jederzeit punktuell wiederholen können. Es ist ziemlich anstrengend, echte Ich-will-Sätze zu formulieren. Mir geht es oft so, dass ich, wenn ich im Kopf einen Ich-will-Satz habe und ihn dann aufschreibe, merke, dass er gar nicht stimmt. Lange Zeit hatte ich den Satz bereits im Kopf, habe nachgedacht und nachgedacht – und dann trifft er aufgeschrieben nicht mehr zu? Einfach unglaublich. Aber das kommt vor.

Noch härter ist die Variante es auszusprechen. Also wenn Sie den Satz aufschreiben und sich selbst vorlesen. Sie merken sofort, ob Sie auf dem richtigen Trichter sind oder ob Sie sich etwas vormachen. Passen Sie nur auf, dass Sie wirklich alleine sind, denn erstens geht es (wie immer) niemanden etwas an und zweitens kommen Selbstgespräche immer etwas schräg rüber. Aber ganz im Ernst: Sie spüren mehr, was Sache ist, wenn Sie alleine sind. Und das Gefühl ist unser Hauptwerkzeug, um richtig gute, gesunde Spielregeln für das Leben festzulegen.

Was ist das Problem?

Wenn Sie an den Punkt gekommen sind – und das sind Sie ja in Anbetracht dessen, dass Sie dieses Buch gekauft haben – an dem Sie entschlossen haben, etwas zu unternehmen und den Frustzustand zu verlassen, haben Sie vermutlich einiges zu lösen. Vermutlich befinden sich etliche Lebensbereiche im roten Bereich. Vermutlich beschäftigen Sie mehrere Themen gleichzeitig und gleichmäßig intensiv. Es ist relativ selten, dass nur ein einzelnes Problem es schafft, das Leben wirklich schwer zu machen. Also wäre der erste Schritt eine Bestandsaufnahme zu vollziehen und alle Schmerzpunkte zu sammeln. Let's go: Was beschäftigt Sie, was belastet Sie, was bringt Sie um den Schlaf?

Sich bewusst zu machen, wie viele verschiedene Themen einen plagen, schafft schon ein wenig Verständnis fürs erste. Und für sich selbst. Denn gerade hierzulande ziehen die Menschen gerne recht gnadenlos mit sich zu Gericht. Ein »Es-ist-mir-zu-viel« oder ein »Ich-schaffe-das-nicht« gesteht man sich einfach nicht gerne zu. Man möchte nicht schwach sein, faul oder ungenügend. Leistungsstärke, Energie, Motivation, ... das ist es, was wir ausstrahlen wollen. Aber eben oft nicht ausstrahlen können, wenn uns alles über den Kopf wächst.

Betrachten Sie daher immer die Summe der Themen, bevor Sie anfangen, nach Lösungen zu suchen. Oder sich selbst fertig machen. Erst, wenn der ganze Umfang klar ist, können wirklich gute Lösungen überhaupt gefunden werden. Manchmal ist das akut nagendste Problem nur die Spitze eines Eisbergs. Das überrascht in der Beratung meine Kunden und mich oft gleichermaßen. Da kommen manchmal Sachen heraus, die weder ich, noch mein Kunde vorher auch nur annähernd geahnt hätten. Doch das vordergründige Thema isoliert zu betrachten ist manchmal fatal, denn die Kapazität an Zeit und Energie ist nun einmal begrenzt (wie auch die Stunden des Tages und die Tage der Woche), so dass bei einer soliden Lösungsfindung alle Themen zumindest im Hinterkopf sein sollten. – Aber gehen wir es strukturiert und analytisch an.

Bestandteile eines Problems

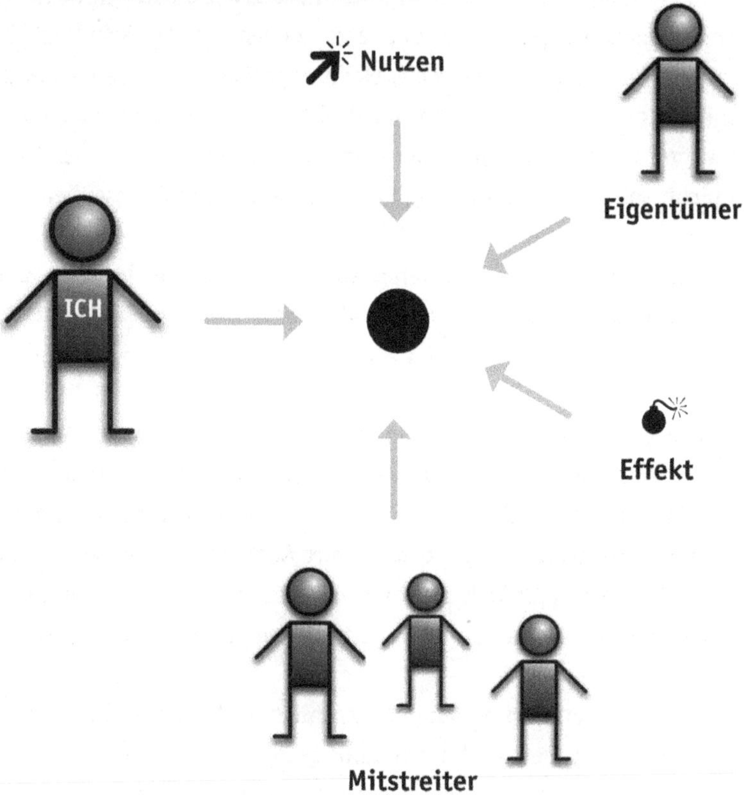

Der Auftrag lautet jetzt, die Bestandteile der Gesamtsituation in Erfahrung zu bringen. Am besten betrachtet man jeden einzelnen Problembaustein isoliert.

Der Eigentümer

Bevor wir überhaupt einen Finger krumm machen – und ich beziehe das auf alles, was wir so tun – sollten wir uns überlegen, ob das was vor uns liegt überhaupt unsere Baustelle ist. Wem gehört das Problem (oder die Aufgabe)? Jemand trägt die Verantwortung dafür, dass es entstanden ist, jemand trägt die Verantwortung dafür, es zu lösen. Nur dummerweise handeln nicht alle danach und andere baden es aus. Oder aber: ziehen sich den Schuh an. Obwohl vieles falsch läuft auf der Welt, bleibt es jedem selbst überlassen, um was er sich kümmert – und um was nicht. Bitte wägen Sie genau ab, ob die vorliegende Situation von Ihnen überhaupt sinnvoll bearbeitet werden kann. Wenn nicht, sollten Sie zwei Dinge üben: loszulassen und Gelassenheit.

Je mehr Sie anderen die eigene Verantwortung lassen – auch, wenn diese die Verantwortung nicht übernehmen oder Sie der Ansicht sind, dass die anderen sie nicht richtig ausfüllen – desto mehr können Sie sich auf die Dinge konzentrieren, die Sie selbst auch ändern können. Das sind die Dinge, die Sie motivieren, eine Veränderung durchzuziehen und Dinge, für die es sich lohnt, Zeit und Energie aufzuwenden. An der richtigen Stelle zu erkennen »Das ist dein Problem« und sich auch danach zu verhalten, ist eine große Bereicherung für Sie selbst. Es schafft Abgrenzung. Und eines steht fest: Sie allein werden die Welt nicht retten. Gleichzeitig gilt aber: Wenn Sie zuständig sind, dann ergreifen Sie Verantwortung und werden Sie initiativ.

In diesem Zusammenhang stellen Sie sich bitte noch eine wichtige Frage: Wer außer Ihnen ist eigentlich noch dafür geeignet das Problem zu lösen? Denken Sie daran, dass Sie nicht immer alles selbst tun müssen. Es gibt durchaus auch andere fähige Menschen in Ihrem Umfeld, die Aufgaben oder Teile davon übernehmen können. Manche Menschen kann man dafür auch bezahlen. Wägen Sie immer ab: Was ist es mir wert, vorwärts zu kommen? Der Wert kann eben Verzicht auf Freizeit sein, aber auch Verzicht auf Geld. Was sind Sie bereit, zu investieren?

Beteiligte

Auch, wenn wir in schwierigen Situationen gerne grübeln wie die Weltmeister, übersehen wir gerne einen wichtigen Punkt. Es gibt meistens Beteiligte an einem Problem, die wir übersehen. Und die durchaus auch Teile der Lösung behindern oder einfach selbst übernehmen müssen. Stichwort: Verantwortung für ein Problem (siehe oben). Manchmal geht es auch darum, festzustellen, wen in Person man eigentlich braucht, um ein Problem überhaupt lösen zu können. Wenn bestimmte Themen in einem Team immer wieder und wieder diskutiert und nie gelöst werden, liegt das vielleicht daran, dass die Teamleitung nicht involviert wird, die ja als Führungsperson eine zentrale Aufgabe hat, nämlich entscheiden. Also, wehret den Anfängen. Auf je mehr Schultern ein Problem verlagert werden kann, desto kleiner wird es.

Wer beteiligt sich aktiv am Problem?

Also wer ist eine handelnde Person, die zur Entstehung oder Aufrechterhaltung des Problems beiträgt?

Möglicherweise gibt es jemanden, der versucht, das Problem fernzuhalten. Oder es sogar stellvertretend zu lösen. Das klingt erst einmal praktisch, nimmt aber die Möglichkeit, selbst die Lösung zu gestalten und Einfluss darauf zu nehmen, dass das Problem nicht noch einmal entsteht. Stellvertreter treten an eine Stelle, sie verhindern in unserem Kontext die Eigenverantwortung und ohne die ist alles nichts.

Wer ist passiv am Problem beteiligt?

Das bedeutet so viel wie: Wer steuert etwas zum Problem bei, indem er oder sie nichts tut? Denken Sie einmal an unterlassene Hilfeleistung. Jemand trägt dazu bei, dass ein verletzter Mensch nicht ärztlich versorgt wird und nimmt in Kauf, dass er möglicherweise sogar stirbt. Ein Beispiel dafür, wie durch Unterlassung großer Schaden entstehen kann.

Aber Achtung! Man bedenke mein Beispiel von eben: Wenn jemand etwas tun kann oder sogar tun müsste, aber von dem Problem nichts weiß, trägt er auch passiv etwas zur Aufrechterhaltung bei. Allerdings unwissentlich. Solange er oder sie nicht aktiv informiert und eingebunden wird, darf sich niemand darüber beschweren. Wer oder was fällt Ihnen dazu ein?

Mitstreiter

Gerade wenn es brenzlig wird, kommt es vor, dass wir uns ganz und gar alleine fühlen. Wir glauben, dass niemand anderes unsere Situation kennt. Doch wir irren. Unser Fokus hat sich schon verringert und unsere Perspektive ist eingeschränkt. Denn die Wahrscheinlichkeit, dass niemand anderes auf der Welt jemals das gleiche Problem hatte, ist – gelinde gesagt – ziemlich gering. Wer also ist akut noch von der gleichen Situation betroffen wie Sie? Und zwar entweder im genau gleichen Kontext, wie zum Beispiel Kollegen aus demselben Team oder auch aus einem anderen Kontext. Jemand der den gleichen Beruf hat, aber in einem anderen Unternehmen arbeitet vielleicht. Dafür zum Beispiel gibt es das Konzept der Selbsthilfegruppen. Alle haben das gleiche Problem, jeder versucht es in seinem Kontext zu lösen und die Ansätze des einen können vom anderen übernommen werden. Kein schlechter Grundgedanke, wie ich finde. Also angenommen, Sie würden eine Selbsthilfegruppe für Ihr Problem gründen (was Sie natürlich nicht tun werden), wen würden Sie einladen?

Exkurs: Der neutrale Dritte

Allein Mitstreiter zu kennen, erleichtert schon einmal. Dennoch sind sie nicht immer unbedingt die konstruktivste Unterstützung, wenn sie selbst bis über beide Ohren im gleichen Morast feststecken. Die Perspektive eines neutralen Dritten, der am besten auch noch entsprechend erfahren und (!) ausgebildet ist, kann alles schlagartig verändern. Ich selbst habe erst als es um medizi-

nische Aspekte ging, eine Therapie gemacht. Ich denke, eine Therapie ist das letzte Mittel, wenn man alles andere schon versucht hat oder einfach merkt, dass man für eine Zeit komplett aus seinem gewohnten Alltagstrott aussteigen muss, um vorwärts zu kommen.

Doch vor dem Gang zum Arzt oder Therapeuten gibt es durchaus noch andere Möglichkeiten. Dieses ist mein Plädoyer für einen Coach. Coaching ist eine strukturierte Methodik zur Persönlichkeitsentwicklung. Sie lernen, Ängste zu überwinden, Stress wird akut abgebaut und Sie reflektieren sich, Ihr Verhalten und die Menschen in Ihrer Umgebung intensiv. Ich empfehle daher jedem, der alleine nicht vom Fleck kommt, sich einen Coach mit Erfahrung zu suchen. Mit methodischer, aber vor allem auch mit Lebenserfahrung. Einen Praktiker des Lebens, der zudem Wissen darüber hat, wie er seine Kunden fordern und fördern kann.

Egal, ob Sie nun andere Betroffene finden oder jemanden, mit dem Sie sich beraten können: Teilen Sie Ihre Sorgen und Gedanken, es erleichtert ungemein.

Nutzen

Nehmen wir einmal an, jemand arbeitet in Vollzeit, hat nebenher eine Familie und macht auch noch zwölf Ehrenämter. Es könnte sein, dass auch dieser Person irgendwann die Luft ausgeht. Bei der Dauerbelastung kein Wunder. Aber: Solange eine Beschäftigung anhält – und zwar mit wirklich wichtigen Dingen wie zum Beispiel einem Ehrenamt (!) und keiner Freizeitbeschäftigung – wird man nie in die unangenehme Lage kommen, die Themen, die Sie gerade beim Lesen gerade so schön reflektieren, infrage zu stellen. Ehrenamt als Ausweichmanöver, sozusagen. Nun, das soll bitte niemanden davon abhalten, sich ehrenamtlich zu engagieren. Ich selbst unterrichte ehrenamtlich Yoga im Sportverein und freue mich jedes Mal, einfach im Sinne der Sache und ohne jeglichen Eigennutz etwas für andere zu tun. Das ist schon durchaus erfüllend. Wie immer ist das Maß relevant. Vielleicht fällt Ihnen jemand ein, der auf die obige Beschreibung passt, vielleicht passt sie auf Sie selbst. Vom Thema abzulenken ist nichts Verwerfliches. Es zeigt einfach nur, welche große Angst dahinter steckt.

Jeder kann dafür sorgen, keine Zeit für sich zu haben, um tiefergehenden Problemen aus dem Weg zu gehen. Das wäre ein Nutzen. Oder anderes Beispiel zur Veranschaulichung: Es passiert irgendetwas und der oder die Betroffene aalt sich in der Opferrolle. »Ich bin ja so arm dran«, lautet die Message. Möglicher Nutzen: Aufmerksamkeit. Oder auch Verständnis: Wer so arm dran ist, der hat es schwerer als andere und muss sich nicht ändern oder anderweitig beteiligen. Ein Klassiker.

Doch nicht immer liegt der Nutzen bei demjenigen, der in der Situation steckt, selbst. Eine Frage, bei denen Eltern, Partner, Chefs oder Kollegen manchmal nicht so gut abschneiden, ist, wer außer Ihnen selbst eigentlich einen Vorteil aus der Situation ziehen kann. Und wer dadurch überhaupt kein Interesse daran hat, dass sich etwas ändert. Vielleicht kippt der – oder diejenige auch gelegentlich Öl ins Feuer, um Sie von der Veränderung abzuhalten. Der Grund dafür kann sein, dass die jetzige Situation – so unangenehm sie für den Betroffenen ist – einfach vertraut und damit kalkulierbar ist. Man denke nur an die eingangs geschilderten weißen Flecken: Angenommen, jemand entwickelt die Euphorie zur Veränderung, dann wirkt sich das eben auch auf dessen Umfeld aus. Wenn Mütter wieder in den Beruf einsteigen, dann tun sie das, um sich intellektuell wieder mehr zu fordern, um unter Menschen zu sein, um beruflich den Anschluss nicht zu verlieren, um Anerkennung zu bekommen, um eigenes Geld zu verdienen, und viele positive Gründe mehr. Für die Daheimgebliebenen bedeutet das aber eine gewaltige Umstellung: Die Kinder müssen sich Ihr essen nach der Schule selbst warm machen, Sie müssen öfter mit dem Bus von A nach B kommen, ... Alle in der Familie müssen sich im Haushalt mehr einbringen, plötzlich muss jeder einmal einkaufen gehen oder aufgebrauchte Lebensmittel selbst auf die Einkaufsliste setzen. Ich finde, dieses Beispiel so schön anschaulich, weil ich selbst nie vergessen werde, wie ausgesprochen unangenehm ich diese Umstellung als Kind empfunden habe. Warum kann sie nicht einfach daheim bleiben wie immer? Ich habe es nicht verstanden. Und ich war sauer. Als ohnehin recht energisches Kind, habe ich es meiner Mutter sicher nicht leicht gemacht. Aber unterm Strich wurden meine Schwester und ich dadurch gezwungen, noch eigenständiger zu werden. Obwohl das natürlich nicht die eigentliche Intention meiner Mutter war.

Fazit: Wer sich selbst verändert, verändert auch das Leben von anderen.

Die Frage nach dem Nutzen eines Problems oder einer herausfordernden Lebenssituation ist eine wirklich knifflige Frage, für die es lohnt, sich Zeit zu nehmen. Also, take your time – und machen Sie sich Notizen.

Effekte

Kommen wir nun zu einem sehr spannenden Punkt. Auch wenn eine Situation subjektiv leicht als problematisch oder unproblematisch kategorisiert werden kann, so ist es doch häufig eine Herausforderung genau zu benennen, welche konkreten Effekte ein Problem auf das Leben hat. Also, was genau macht es eigentlich mit uns? Ich stelle Ihnen ein paar Fragen dazu:

- Welchen Effekt hat die Situation auf Sie, Ihren Alltag, Ihre Familie, Ihre Arbeit?
- Warum sehen Sie das Problem als problematisch? Und seit wann ist das so?
- Sehen andere es auch als Problem an? Wenn nein, warum nicht?

- Wie schränkt Sie das Problem ein, auch in Bezug auf den Umgang mit anderen?
- Wie wirkt sich das Problem auf Ihre Entscheidungskraft aus?
- Wie wirkt sich das Problem auf Ihr Verhalten aus? Bringt Sie das Problem in eine gesellschaftliche oder familiäre Randgruppe oder schließt es Sie aus? Gibt es gesellschaftliche oder soziale Effekte dadurch?
- Tritt das Problem immer öfter oder immer seltener auf? Wann ist es zum letzten Mal aufgetreten?

Eine weitere Perspektive ist bei der Betrachtung der Effekte noch unerlässlich: Wie wirkt sich der Zustand, Ihr Verhalten in der angespannten Situation auf andere aus? Es gibt immer Menschen, die uns nahestehen und die Leidtragenden einer belastenden Situation sind. Weil sie sich sorgen, weil sie das Problem nicht nachvollziehen können und sauer sind, weil sie uns lieben und möchten, dass es uns gut geht. Nehmen Sie sich die Zeit, einmal zu überlegen, wer als Zaungast die Auswirkungen mitbekommt und auch mitträgt. (Und vielleicht ist es auch an der Zeit, denjenigen einmal danke zu sagen.)

Die Optionen

Nun geht es daran, einen möglichst umfangreichen Strauß an Optionen zu finden, die eine mögliche Lösung – oder auch Teillösung für Ihre Situation darstellen könnten.

Optionen erschließen

Nachdenken ist dabei eine Methode, die aber in der Regel einfach viel Zeit kostet und uns oft mehr verrückt macht als alles andere, wenn man sich nicht ein wenig strukturiert. Außerdem ist nachdenken »nur« im Kopf. Nur im Kopf heißt, nur ein Mittel, ein Tool, ein Werkzeug zu benutzen, statt alle möglichen Werkzeuge, die da sind. Also möchte ich im folgenden Kapitel einen kleinen Ausflug in meine Welt der Optionsgenerierung machen. Das Kapitel könnte auch die Überschrift »Wege der Inspiration« tragen, aber das ist mir dann doch zu esoterisch.

Die Methoden, die ich nun beschreibe, sollen dabei helfen, möglichst viele Ansätze zu finden. Bitte bewerten Sie sie noch nicht als gut oder schlecht, sondern sammeln Sie nur, was Ihnen einfällt. Egal ob der erste Reflex ein »nein« ist oder ein »ja«. Die Bewertung und Auswahl nehmen wir später vor. Jetzt heißt es nur: So viele Ansätze wie möglich in Ihr schlaues Buch einzutragen.

Fangen Sie damit an, zunächst alles zu notieren, was Ihnen schon jetzt durch den Kopf geht, was Sie glauben, wie Sie die Lage wieder in den Griff bekommen könnten. Machen Sie Ihren Speicher leer, indem Sie alles, was Sie beschäftigt, notieren, ohne es zu bewerten (»das geht«, »dies geht nicht«, »das ist gut«, »das ist schlecht«, »was sagt mein Mann dazu?« und so weiter).

Denken Sie an die weißen Flecken auf Ihrer Landkarte, die Sie nur verkleinern können, indem Sie allen Ideen eine Chance geben. Vor allem aber auch, indem Sie neue Ideen entwickeln. Und dabei helfen Ihnen die nachfolgenden Abschnitte.

Brainstorming Paradox

Los geht es mit einer meiner Lieblingstechniken zur Vorbereitung von Projekten. Sie heißt Brainstorming paradox und ist eine Technik, mit der man mal so richtig die Sau rauslassen kann. Entgegen der weitaus häufiger genutzten positiv gepolten Herangehensweise »Was können wir tun, um unser Projekt zum Erfolg zu führen?«, geht das Brainstorming paradox genau in das Gegenteil: schlechte Gedanken, niederträchtige Aussagen, je mieser, desto besser. Also genau auf den menschlichen Grundcharakter zugeschnitten. Okay, zumindest auf einen Teil davon.

Man nehme ein Plakat oder einen Zettel und beginne, sich zwanzig Minuten lang (am besten mit Wecker) auf die Fragestellung zu konzentrieren:

Was müsste ich/müssten wir tun und welche Ereignisse müssten eintreten, damit unser Projekt voll in die Hose geht?

Oder auch beliebt: Was müsste ich/müssten wir tun oder welche Ereignisse müssten eintreten, um die aktuelle Situation zu verschlimmern?

Und go! Jeder schreibt ungeniert auf, was ihm einfällt. In der Projektarbeit sind das hinsichtlich der Teamarbeit oft Sätze wie: »Ich gehe zu keinem Termin, »Ich halte keine Zusagen ein«, »Ich schreibe nichts auf«, »Ich behalte alles für mich«, »Ich sage nicht, was ich denke«, »Ich frage nicht nach«, »Ich rede nur über jemanden, mit dem ich ein Problem habe, statt mit ihm«, ... Sie merken: Das hat Potenzial!

Das machen Sie dann zwanzig Minuten lang in der Stille, jeder für sich, wenn mehrere Beteiligte anwesend sind. Danach werden auf dem Plakat oder Zettel alle Aussagen zusammengetragen, indem jeder Punkt vorgelesen und aufgenommen wird.

Ist man alleine bei der Methode, sollten die Punkte auch einmal laut ausgesprochen werden. Einfach, dass es mal gesagt ist, denn das erleichtert.

So. Das ist schon mal befreiend. Und jetzt, wo alle befreit und entspannt sind – es wird dabei meistens viel gelacht – geht es an die Umkehrung der Aussagen und der Ableitung von den Dos und Don'ts. Und der Identifikation der Risiken, denn die Ereignisse, die alles verschlimmern oder behindern können, das sind die potenziellen Risikofaktoren, die Sie im Auge behalten sollten.

Zum Beispiel:
»Ich rede nur über jemanden, mit dem ich ein Problem habe, statt mit ihm.« wird zu »Ich rede direkt mit demjenigen, mit dem ich ein Problem habe.«
»Ich schreibe nichts auf« wird zu »Ich mache mir Notizen, um nichts zu vergessen/Informationen für alle zugänglich zu machen.«

In puncto Teambildung ist diese Technik einfach genial. Alle reden miteinander über eine reale Situation anhand eines fiktiven Beispiels. Denn in der Regel will tatsächlich niemand wirklich, dass alles schief geht.

Wenn Sie sich persönlich über Ihr Verhalten und Ihr Thema oder Problem im Klaren werden wollen, ist diese Methode ein hilfreiches Instrument, um sich selbst mit einem Augenzwinkern aber ganz ehrlich auseinanderzunehmen.

Ausschreiben

Diese Methode hilft ungemein, wenn der Kopf raucht und sich bereits Frust angesammelt hat. Vielleicht sogar schon ein wenig Wut. Was nicht schlecht ist, da schreibt es sich gleich viel schneller.

Es geht damit los, wirklich einmal ungefiltert, unsortiert und unzensiert alle Gedanken herunterzuschreiben. Alles, was in den Kopf kommt, gehört dazu. Egal, ob es eine Sorge ist, eine Idee, ein Wunsch, ein Ärgernis oder eine Selbstbeschimpfung (die gelegentlich auch mal angebracht ist). Am besten in Halbsätzen, damit später, wenn der erste Rausch vorüber ist noch nachvollziehbar ist, was gemeint war. Am besten ist man dabei – wie immer – alleine und hat seine Ruhe. Ein Fenster ist hilfreich, da es die Gedanken anregt, wenn man den Blick in die Weite schweifen lassen kann. Schreiben Sie so lange, bis Ihnen wirklich gar nichts mehr einfällt, also minutenlang nichts mehr einfällt. Das was wirklich relevant ist, kommt erst zum Vorschein, wenn der erste Schwall an Gedanken, die akut vorrangig sind vorüber ist. Und Ziel ist es ja, der Sache auf den Grund zu gehen.

Ist der Kopf ausreichend geleert, ist das Gehirn wieder einsatzbereit. Einerseits wurde alles notiert und nichts kann vergessen werden – Hirn entspannt sich. Andererseits wurden alle – auch die eher unschönen Gedanken – zugelassen. Das Hirn entspannt sich mehr. Vielleicht ist das Geschriebene auch ungewöhnlich ehrlich, oder zumindest ehrlicher als alle bisher erdachten Ansätze. Auch das entspannt.

Nun gehen Sie über die Auflistung und beginnen, Überschriften zu finden. Und dann sortieren Sie: Welcher Gedanke gehört zu welcher Überschrift. Damit erkennen Sie einerseits, womit Sie sich aktiv beschäftigen – und das sind möglicherweise andere Themen als die, die gerade wirklich wichtig sind – und welche Ansätze sie bereits kennen. Welche Themen stehen an, was von all dem ist voll auf das Problem, im Sinne von »das geht alles nicht«, fokussiert, was davon geht schon in Richtung Lösung?

Die anfangs überschäumenden Gedanken bekommen nun Struktur. Manchmal stellt man dabei fest, dass sie sich bereits ergänzen und die Antwort in der Kombination zweier Gedankengänge bereits zu finden ist.

Den eher problemorientierten Notizen kann nun an den Kragen gegangen werden. Wie wichtig ist der Punkt im Kontext der anderen Punkte überhaupt noch? Stresst er tatsächlich so sehr oder hat sich das schon erledigt? Wie kann er gelöst werden? Nennen Sie pro Punkt drei Ansätze für eine Lösung. Dabei helfen drei Fragestellungen: Wozu? Wie dann? Warum nicht?

Bei dieser Technik kann es natürlich vorkommen, dass Sie neben neuen Optionen weitere Painpoints erkennen, die Sie plagen. Sie sind jedoch nicht neu, sondern einfach bisher unentdeckt. Sehen Sie das als Chance.

Ein Problem, das man kennt, kann man auch lösen. Ein Problem, das man nicht kennt, schwelt und frisst unnötig Zeit und Energie.

Praktiker und Experten

Der einfachste Weg allerdings ist es, sich mit einem Praktiker zu unterhalten. Jeder Mensch spricht gerne über das, was er selbst tut. Und nur wer fragt, bekommt auch eine Antwort. Also wenn Sie sich der Bildhauerei widmen wollen, reden Sie mit einem Steinmetz. Wenn Sie kostengünstig ein großes Fest organisieren wollen, reden Sie mit einem Gastronom. Wenn Sie Probleme mit Ihren Kindern haben, reden Sie mit einer Familienberatung. Sie ahnen nicht, wie viel Informationen und Antworten Sie in einer Stunde Gespräch mit einem Profi erhalten.

Ein guter Coach, der neben einer fundierten Ausbildung auch über entsprechende Erfahrung verfügt, kann Sie immens und äußerst effektiv bei der Findung von Lösungen unterstützen. Probieren Sie es aus, es lohnt sich.

Achten Sie darauf, dass Sie sich mit Menschen austauschen, die möglichst neutral sind. Jeder Rat eines Beteiligten oder eines Befangenen birgt eine Verzerrung, da es eine eigene Position oder ein eigenes Interesse gibt. Das könnte beispielsweise der Fall sein, wenn der Ratgeber etwas nicht zugeben will, er einem weiteren Beteiligten zugeneigter ist, wenn der Ratgeber vertrauliches Wissen hat oder auch wenn er persönlich gegen Ihre Veränderung ist.

Lassen Sie es sein – ein Problem nicht lösen

Manchmal ist das einzige was man noch tun kann, nichts mehr zu tun. Bei allen geschilderten Herangehensweisen zur Lösungsgenerierung geht eine Prämisse voraus: nämlich die, dass das Problem gelöst werden soll. Was aber, wenn der Grund dafür, dass es bisher noch keine Lösung gab, der ist, dass Sie das Problem gar nicht lösen wollen? Tja, das ist erst mal komisch zu lesen. Doch lohnt es sich auch durchaus einmal, die Option in Erwägung zu ziehen, dass das Problem gar nicht gelöst werden muss.

Ein Grund könnte sein, dass die Situation durchaus unschön, aber für den Moment einfach erträglich ist. Manchmal sind andere Dinge einfach wichtiger. Kein Problem. Nur sollte die Entscheidung ganz bewusst getroffen sein. »Ich entscheide mich dagegen.« Dieser Satz macht einen Unterschied. Und manchmal können wir selbst eine Situation auch gar nicht ändern.

Es steht nicht immer in unserer Macht, den Einfluss auf Situationen zu haben, den wir uns gerne wünschen. »Es ist, wie es ist.« Akzeptieren, dass im Augenblick nichts getan werden kann. Oder vielleicht kann sogar nie etwas getan werden. Ziehen Sie also bitte auch diese beiden Optionen in Betracht: einerseits sich bewusst gegen eine Veränderung zu entscheiden, andererseits eine Situation zu akzeptieren. Ich denke, gerade der zweite Punkt ist ausschlaggebend dafür, dass Ehen früher unendlich lange (also aus meiner Perspektive) gehalten haben. Die Partner haben sich kennengelernt und gelernt, einander so zu akzeptieren, wie sie sind. Auch wenn der eine nicht mit allem einverstanden war, was der andere tat. Man hat Marotten, Ecken, Kanten und Kuriositäten mehr akzeptiert. Und Akzeptanz ist stressfrei. Zu akzeptieren, dass jemand anderes so ist, wie er ist, heißt ja nicht, dass ich genauso sein muss. Oder dass ich es gutheiße. Akzeptanz ist neutral. Und sie lässt die Verantwortung bei der richtigen Person.

Eine kleine Anekdote zum Thema Akzeptanz

Als Unternehmensberaterin bin ich ziemlich viel unterwegs. Es gehört zum Los des Beraters reisend tätig zu sein. Dadurch ergibt sich, dass zu Beginn eines neuen Projektes das Essen, der Sport und der Ausgleich sehr leiden. Man muss zunächst neben der vielen Arbeit herausfinden, wo man einkaufen gehen, wo man etwas Gesundes essen und wo man sporteln kann. Scherzhaft sagen manche Berater unter sich »Jedes Projekt kostet dich fünf Kilo.« Das kann ich nur bestätigen. Wenn man ein sehr zehrendes Projekt hat oder mehrere neue nacheinander anfängt, können sich die Kilos schon mal aufsummieren, wenn man die Kurve nicht kriegt. So ist das auch mir gegangen. Ich erinnere mich gut, dass ich die Zahl, die meine Waage angezeigt hat, zwar gesehen habe, das Gewicht als solches aber nicht als meines anerkannt habe. Das heißt, ich habe nicht akzeptiert, dass ich mich ins Übergewicht gefuttert hatte, und ein völlig anderes Bild von mir hatte als der Spiegel. Ich habe auch keine größeren Klamotten gekauft, denn dann hätte ich ja meine Maße akzeptiert und toleriert. Das konnte ich auf keinen Fall zulassen. Ich schätze, das fällt in die Kategorie Verdrängungsmechanismus. Schließlich habe ich aber einen Punkt erreicht, an dem ich mich damit beschäftigt habe, wie ich aussehe und wie ich mich wirklich dabei fühle. Dann habe ich mich mit Ernährung für Geschäftsreisende beschäftigt und die richtigen Tricks für unterwegs gefunden. Damit habe ich insgesamt achtzehn Kilo abgenommen – also viel mehr als ich mir draufgefuttert hatte – und das habe ich bis heute auch gehalten. Der erste Schritt war allerdings, einfach die Realität zu akzeptieren. Das hat alles andere überhaupt erst ermöglicht.

Ein dritter, eher ungewöhnlicher Gedanke bei der Suche nach Lösungen ist: »Was kann ich einfach sein lassen?« Also, auf was kann ich verzichten, weil es mir ohnehin nichts oder nicht so viel bedeutet? Oder auch: »Auf was kann ich verzichten, weil ich jetzt gelernt habe, dass es mir nur schadet?« Der Lebensstandard, den wir gewohnt sind zum Beispiel, suggeriert uns oft, dass bestimmte Dinge oder Rituale unverzichtbar sind. Wenn man aber mal genauer hinschaut, stirbt man auch nicht, wenn man bestimmte Dinge nicht hat oder sie durch einfachere, angemessenere, realistischere ersetzt. Loslassen heißt die Devise.

Also, auf was könnten Sie eigentlich verzichten, das Ihnen im Augenblick mehr Probleme bereitet als alles andere? Ich selbst glaube ja, je weniger man besitzt, desto leichter lebt es sich. Ein absolutes Konfliktpotenzial zwischen meiner Generation und der meiner Eltern, die den unbedingten Willen hatten, für ihre Kinder so viel wie möglich zu schaffen und anzuhäufen.

Ruhig mal 0,5 denken

In der Informationstechnologie gibt es genau zwei gültige Werte: 0 und 1. Genauso digital denken viele Menschen, besonders in festgefahrenen Situationen. Mit der folgenden Herangehensweise schaffen Sie es, auch einmal 0,5 denken zu können.

- Überlegen Sie, welches Verhalten Sie stört. Oder welche Eigenschaft.
- Prüfen Sie, ob das gefundene Verhalten oder die gefundene Eigenschaft veränderbar ist.
- Wenn ja: Finden Sie einen Begriff für das genaue Gegenteil. (Wenn nein: Akzeptieren Sie es oder gehen Sie weg.)
- Überlegen Sie, was Sie brauchen, um sich in die Richtung des Gegenteils entwickeln zu können.

»

And if you can't be with the one you love, love the one you're with.

Aus »Love the One You're With« von Stephen Stills (*1943), US-amerikanischer Sänger

«

Gehen Sie weg von den Extremen, kommen Sie hin zur Balance. Weniger ist oftmals einfach mehr. Überforderung kommt nicht selten von übersteigerten Ansprüchen an sich selbst. Diese Methode kann helfen, Ansprüche nach und nach herunterzuschrauben.

Seien Sie ruhig ein bisschen gnädig mit sich. Aber: (Verzeihung) verarschen Sie sich nicht selbst. Es ist ein Spagat zwischen überzogenen Selbstansprüchen und innerem Schweinehund, den nur Sie erkennen können, indem Sie ehrlich zu sich selbst sind. Also hinterfragen Sie einfach permanent: Wo schrauben Sie in Zukunft Ihre Ansprüche herunter, weil Sie sich selbst überfordern und wo nicht, weil Ihr Schweinehund die Situation regiert?

Exkurs: Feedback

Sie können mit dieser Technik auch ein Verhalten/eine Eigenschaft einer anderen Person betrachten. Manchmal registriert man nur, dass ein Verhalten oder eine Eigenschaft stört und ist vor lauter Wut oder Gereiztheit nicht in der Lage auszudrücken, was los ist.

Nach der oben geschilderten Vorgehensweise können Sie die richtigen Worte finden und daraus ein hervorragendes Feedback formulieren: »Ich möchte weniger von … und mehr von …«. Beginnen Sie zum Einstieg in das Feedback mit ein paar Punkten, die die Person beibehalten soll. Das ermöglicht einen offenen und positiven Gesprächseinstieg und das Feedback kommt da an, wo es hin soll.

Die zweite Chance

Wenn Ihr Problem bereits länger besteht, haben Sie sicherlich bereits Versuche unternommen, es zu lösen. Woran genau die Lösung aber gescheitert ist, ist manchmal eher unterschwellig erkennbar. Aber dennoch: Was genau haben Sie schon einmal unternommen? Stellen Sie sich auch die Frage, woran es gescheitert ist – und ob der Ansatz nicht doch eine zweite Chance verdient. Die Rahmenbedingungen könnten sich in der Zwischenzeit geändert haben. Sie könnten sich in der Zwischenzeit geändert haben. Also auch diese Ansätze sollten unbedingt miteinbezogen werden.

- Was haben Sie bereits versucht?
- Aus welchen Gründen hat es nicht funktioniert?
- Haben Teile funktioniert?
- Haben sich die Gründe in der Zwischenzeit relativiert?

Außerdem braucht es manchmal einfach mehrere Anläufe. Das kommt vor.

Stattdessen

Dann hätten wir da natürlich noch die Ratgeber-Literatur. Ratgeber schaffen Defizite: Das ganze Leben wird umgekrempelt und nix geiles – verzeihen Sie die Ausdrucksweise – bleibt mehr übrig. Sie vermitteln: Nur so geht es, ansonsten geht es gar nicht und das liegt an dir. Die Kunst ist es, die Frage nach dem Stattdessen zu beantworten. Wenn Sie Diät machen wollen und dieses und jenes nicht mehr essen sollen, was essen Sie stattdessen?! Und eben nicht nur noch Knäckebrot, denn das ist erstens viel zu einseitig und daher ungesund, sondern echte Alternativen, die Ihnen schmecken und wirklich satt machen. Niemand isst gerne – geschweige denn langfristig – etwas, dass ihm nicht schmeckt. Eigentlich logisch.

Oder ein anderes Beispiel: Der Selbstmanagement-Ratgeber empfiehlt wöchentlich, täglich et cetera Dinge zu tun, für die man dreißig Minuten früher aufstehen soll und abends nur fünfzehn Minuten irgendwas Bestimmtes tun soll. Wie viel soll denn noch in unseren ohnehin schon übervollen Zeitplan reingepackt werden? Und mal ganz ehrlich: Wo bleibt dabei denn der Spaß? Und was für ein Wahnsinnshecht muss der Autor sein, der das alles ganz lässig schafft und dabei noch lächelnd Bücher schreibt. Mir kommt das oft unglaubwürdig vor ... Also ich weiß nicht, wie es Ihnen geht, aber ich bin immer umso mehr auf dem Sofa liegengeblieben und habe noch weniger geschafft, nachdem ich derlei Konzepte mal für drei Tage ausprobiert habe.

Wenn neue Aktivitäten ins Leben integriert werden sollen, müssen andere weichen. Ganz einfach. Und wenn die neue Aktivität unangenehm und die alte angenehm ist, dann gibt's kein Argument der Welt, das die Umstellung rechtfertigt. Das einzige was hilft ist, dass die neue Aktivität angenehmer, schöner, einfach geiler ist als die alte. Das ist der Trick: etwas zu finden, das besser schmeckt, mehr Spaß macht als das Alte oder einfach gut tut. Die Richtung ist entscheidend »hin zu« statt »weg von«. Wenn Sie das herausfinden können, was Sie stattdessen machen wollen – und wollen im reinsten Wortsinn – ist es schon geschafft. Dazu brauchen Sie konkrete Informationen zum Beispiel durch Recherche – oder manchmal auch eine radikale Handlung.

Exkurs: Manchmal muss man sich selbst austricksen

Vor einigen Jahren hatte ich mir vorgenommen, nicht mehr fernzusehen. Ich habe mir gedacht, ich komme nach der Arbeit nach Hause, esse und dann lasse ich mir etwas einfallen. Das klappt schon. Fernseher anschalten einfach verkneifen, das war der Plan. Allerdings waren die Bedingungen schon etwas

»

Freedom is just another word for nothing left to loose.

Aus »Me and Bobby McG« von Janis Joplin (1943–1970), US-amerikanische Rock-Sängerin

«

hart: Ich wohnte in einem Einzimmerappartement, in dem die Küche zu klein war, um sich darin aufzuhalten. Im Wohn- und Schlafzimmer stand der Fernseher. Ein riesiger 16:9-Röhrenfernseher. Er schrie mich förmlich an. Jeden Abend quälte ich mich ab, um schließlich doch in Ermangelung einer Alternative die Glotze einzuschalten. Die Zeiträume für die Suche nach anderen Beschäftigungen wurden außerdem auch jeden Tag kürzer und schließlich gab ich mich geschlagen.

Eine Weile habe ich die bittere Pille des Versagens geschluckt. Doch natürlich hielt das nicht lange an. Die Entscheidung, nicht mehr fernsehen zu wollen, entstand ja nicht ohne Grund. Ich langweilte mich dabei zu Tode. Ich verblies einfach Abend für Abend Zeit. Für nichts. Und meine Freizeit war neben meiner Arbeit in einem Großprojekt wirklich sehr wertvoll. Aber was nützt Freizeit, wenn man nichts damit anfängt, außer hirnlose Sendungen zu schauen. Also kam es wie es kommen musste: Kurz darauf war ich wieder soweit. Zweite Runde, gleiches Ergebnis. Und das, obwohl ich mir vorher schon ein paar Gedanken gemacht hatte, was ich tun wollte. Dennoch. Die Vorbereitung war entweder zu mau oder aber die Gewohnheit so ausgeprägt, dass es einfach nicht gelingen wollte. Schließlich fasste ich einen radikalen Entschluss. Ich rief bei der Arbeiterwohlfahrt an, einem sozialen Verein, der Sachspenden jederzeit gerne entgegennimmt und größere Geräte sogar abholt. Vier Tage später marschierten drei gestandene Männer in mein Appartement und zwei Minuten später war der Fernseher abtransportiert. Und ich erleichtert.

Die ersten Tage waren ein Graus. Es war zu still, zu langweilig und mir viel brutal die Decke auf den Kopf. Aber ich war gezwungen, mir jetzt etwas einfallen zu lassen. Und das tat ich. Das war der Anfang einer Vielzahl von Hobbys, die ich inzwischen habe. Dazu gehört das Singen, Gitarre oder Schlagzeug spielen, Joggen, Yoga, und noch so einiges mehr.

Also noch einmal zurück zur Informationsbeschaffung. Sie müssen herausfinden, was Sie stattdessen tun oder haben wollen. (Abschließend ein kleiner Hinweis am Rande: Manchmal kann auch eine geänderte Meinung hilfreich sein. Überprüfen Sie doch einmal, ob Ihre Sicht auf die Situation wirklich nützlich ist. Konzentrieren Sie sich nur darauf, was Sie selbst wirklich verändern können. Auf alles andere haben Sie keinen Einfluss.)

Wissen nach dem eigenen Geschmack

Wir nehmen Informationen jeder Art über unsere Sinnesorgane auf. Welche Sinnesorgane bevorzugt werden, ist von Mensch zu Mensch unterschiedlich. Es können auch mehrere bevorzugt sein. Man spricht in diesem Zusammenhang vom bevorzugten Repräsentationssystem. Man unterscheidet zwischen:

- visuellen Typen, die die Augen bevorzugen,
- auditiven Typen, die über das Gehör gut aufnehmen,
- kinästhetischen Typen, die über den Tastsinn und das Fühlen verarbeiten,
- olfaktorischen Typen, die besonders auf Gerüche ansprechen,
- und gustatorischen Typen, die über den Geschmackssinn gut erreichbar sind.

Es lernt also nicht jeder gleich.

Um noch einmal auf die Steinzeit zurückzukommen: Da Männer tendenziell zur Jagd gingen, sind bei ihnen eher visuelle und auditive Eindrücke relevant gewesen. Ganz nach dem Motto »den Feind erkennen, wenn er kommt« oder »die Beute aufspüren«. Bei Frauen ist es etwas komplizierter. Sie haben Haus, Hof und Nachkommen bewacht und sind auf Futtersuche im Wald gewesen. Daher sind bei Frauen eher alle fünf Typen relevant.

Bei der Wahl der Medien ist es daher clever, sich Gedanken über die einzelnen Sinnesorgane zu machen.

Es macht einen Unterschied, ob Sie Neues lesen, hören, sehen, schmecken, riechen oder anfassen/fühlen. Es ist erwiesen, dass nicht alle Menschen gleich ticken, wenn es darum geht, über welchen Kanal Informationen aufgenommen werden. Ein Grund, weshalb unser Schulsystem inzwischen so stark in der Kritik steht.

Faktenwissen kann in unterschiedlichen Medien auch unterschiedlich komplex oder intensiv aufbereitet werden. Lesen Sie zum Beispiel eine Tageszeitung erfahren Sie wesentlich mehr Fakten über politische Zusammenhänge als in den Dreißig-Sekunden-Beiträgen einer Nachrichtensendung, die aus verschiedenen Gründen (Entertainment, Werbepartner, Ausrichtung des Senders) so aufgebaut werden wie sie sind. Das heißt, wenn Sie es sich erst einmal bequem machen wollen, schauen Sie Videos. Das ist einfach fürs Gehirn und strengt nicht so an – zum Beispiel nach einem anstrengenden Arbeitstag. Zu fast allen Themen finden sich Dokumentationen, Anleitungen, Spielfilme oder Comedy. Ja, auch eine komödiantische Auseinandersetzung mit einem Thema kann durchaus nützlich sein.

Beim Stichwort »Spielfilme« möchte ich auch an dieser Stelle noch einmal dafür plädieren, sich mit Erfahrungen von anderen zu beschäftigen. Also auch ein fiktiver Film hat einen Verlauf und eine abgeschlossene Story, bei der sich jemand etwas gedacht hat. Deshalb werfe ich auch diese Möglichkeit in den Ring.

Gleichzeitig aber auch noch einmal der Hinweis: Sie sind unter Garantie nicht der erste Mensch mit genau diesem Problem. Es gibt bereits Menschen, die dieses Problem gelöst haben. Und sie reden gerne darüber oder haben Veröffentlichungen dazu gemacht. Nutzen Sie die Erfahrungen von anderen, sie müssen ja nicht alles genauso lösen – aber vielleicht ähnlich? Denken Sie immer daran: Es geht nicht um eine Antwort oder um einen Weg, es geht darum, möglichst viele Ansätze und Wege zu finden, aus denen Sie sich den besten aussuchen können. Oder noch besser: Sich aus allen gangbaren Wegen Ihren persönlichen Weg zusammenzubasteln.

Beschaffen Sie sich Informationen also nach Ihrem Geschmack: Lesen Sie Sachbücher (keine Ratgeber), die sich mit der Materie beschäftigen, ohne Lösungskonzepte zu präsentieren. Zum Beispiel ein Buch über die Psychologie von Paarbeziehungen, wenn Sie Probleme in Ihrer Partnerschaft haben. Sie lesen nicht gerne? Okay, dann hören Sie Audiobooks. Oder besuchen Sie einen Vortrag. Oder eine Messe zum Thema. Oder buchen Sie eine Schulung, ein Seminar oder ein Training. Sehen Sie sich Videos an, googeln Sie, was das Zeug hält … Automatisch werden Sie auf Erklärungen stoßen, die Ihnen die Situation akut erleichtern und neue Aspekte kennenlernen, die Sie einfach noch nie bedacht haben.

Überlegen Sie doch einmal, wann Sie das letzte Mal etwas leicht gelernt haben. Damit meine ich nicht für die Schule oder Ausbildung, sondern: Wann haben Sie einfach etwas Neues gelernt, das Sie interessiert hat? Wie sind sie vorgegangen und welche Sinneskanäle haben sie genutzt? Nutzen Sie so viele wie möglich, wenn auch nicht unbedingt gleichzeitig.

Lernen Sie regelrecht über Ihr Thema, erfahren Sie etwas über Vorteile, Nachteile von Herangehensweisen und vor allem neues Faktenwissen. Welche Ursachen gibt es, welche Auswirkungen? Sie werden feststellen: Jetzt zeigen sich langsam Optionen. Sie werden zum Profi für Ihr (noch) problematisches Thema. Und seien Sie so frei, die Erkenntnisse, die Ihnen nicht gefallen oder die nicht zu Ihnen passen – bei denen Sie ein schlechtes Gefühl haben – abzulehnen. Ein »nein, das ist nichts für mich« an der richtigen Stelle kann Sie Unmengen an Zeit sparen.

Exkurs: Ressourcen klar machen

»Ich will ja, aber ich kann nicht«, kommt Ihnen das bekannt vor? Ein oft belächelter Satz, der für jemanden mit einer echten Erschöpfungsproblematik aber alles andere als witzig ist. Es kann sich niemand vorstellen, der es nicht selbst erlebt hat, wie das ist, wenn der eigene Körper einen im Stich lässt und jeder Schritt ist, als hätte man Beton an den Füßen.

Wenn Sie davon betroffen sind, ist Ihre erste Aufgabe, der Erschöpfung Paroli zu bieten. Es führt zwangsläufig in den Misserfolg, wenn Sie Teile Ihres Lebens umkrempeln wollen und einfach keine Energiereserven da sind. Tank leer, Akku alle. Auch wenn es schwerfällt und die meisten gerade deshalb in der Erschöpfungsfalle sitzen, weil sie ungeduldig sind oder gern alles auf einmal machen: Es sollte das Thema Nummer eins in Ihrem Leben sein, Ihre Kraft zurückzuerlangen. Es geht um Ihre Gesundheit und um Ihre Lebensqualität, die täglich unzureichend ist. Ohne beides sind sie aufgeschmissen, egal wie ehrgeizig Sie sind. Der Körper sitzt am längeren Hebel, das kann ich ihnen sagen.

Also nehmen Sie Urlaub, ziehen Sie sich zurück, beginnen Sie körperlich aktiv zu werden und vor allem: Beschäftigen Sie sich bitte mit Atemmeditationen. Es gibt nichts Effektiveres bei Erschöpfung und auch wenn das nicht jedem so wirklich zugänglich ist, gibt es nichts zu verlieren. (Ich wurde damals von einer sehr kompetenten Physiotherapeutin darauf gestoßen, Yoga und Meditation auszuprobieren. Sie meinte, es sei effektiver, als jeden Körperteil einzeln zu behandeln. Und sie hatte Recht.) Auch bisher ungewohnte Techniken sollten nicht durch das Raster fallen. Das Thema Techniken bei Erschöpfung könnte ein ganzes Buch füllen, vielleicht sogar mein nächstes. Aber bis es soweit ist, möchte ich noch einmal mehr auf das Thema Ressourcen zurückkommen.

Neben Ihrem Energiehaushalt gibt es noch reichlich andere Ressourcen, die Sie einsetzen können. Geld zum Beispiel. Wie viel Geld ist es Ihnen wert, Ihr Problem zu lösen? Leisten Sie sich zum Beispiel über einen bestimmten Zeitraum einen Personal Trainer oder Einzelunterricht in Yoga, um einen Einstieg oder professionelle Anleitung zu bekommen. Oder bestehen Sie darauf, sich alles selbst zu erarbeiten?

Eine weitere Ressource ist die Zeit. Keine Zeit, keine Veränderung. Finden Sie sich damit ab. Der Tag hat vierundzwanzig Stunden und wenn Sie sich keine Zeit beschaffen, bekommen Sie keine. Welche überflüssigen Dinge tun Sie so den lieben langen Tag? Wie gehen Sie eigentlich mit dem kostbaren Gut Zeit um? Sind Sie großzügig damit? Priorisieren Sie nach Ihren eigenen Bedürfnissen oder eher nach denen von anderen? Das sind ganz zentrale Fragen, die Sie für sich beantworten können und damit vielleicht schon den Fehler in Ihrem System feststellen können.

Aber einmal abgesehen von den üblichen Ressourcen Energie, Geld, Zeit: Was haben Sie denn eigentlich noch für Ressourcen? Gibt es Freunde, die Ihnen helfen? Gibt es Dinge, die einfach schon in Vergessenheit geraten sind, die Sie nutzen können, ohne auch nur einen Cent dafür zu investieren? Wer oder was gibt Ihnen Halt im Leben – auch das zählt zu den Ressourcen, die wir nutzen können, wenn wir Großes vorhaben. Mal ganz abgesehen von den eigenen Ressourcen, wie körperliche Kraft oder besondere Intelligenz. Was können Sie denn besonders gut oder was finden Sie an sich besonders nützlich? Wie steht es mit Ihrem Charakter: Was sind Ihre besonders guten Eigenschaften oder welche schlechten Eigenschaften haben Sie, die Sie aber gewinnbringend für sich und Ihr Unterfangen einsetzen können? (Diese Frage ist besonders gemein, wie ich finde. Wer gibt schon gerne zu, schlechte Eigenschaften für zu haben und auch noch für sich zu nutzen?)

»

Mach es fertig! Bevor es dich fertig macht!

Werbung der Baumarkt-Kette HORNBACH (2007)

«

Recherche

Eine etwas weniger kreative Herangehensweise ist die Recherche. Jeder, der einmal ein Referat oder anderweitig ein Thema vorbereiten musste, kennt das: Es gibt ein Schlagwort, eine Idee, eine Aussage, einen Buchtitel oder oder oder und von da ausgehend wurschtelt man sich durch, bis man genug Input hat. Wobei »durchwurschteln« wiederum verschiedenste Mittel einbeziehen kann. Wichtig ist vom Ansatz her aber die Richtung vom Allgemeinen hin zum Speziellen. Im ersten Teil dieses Buches ist die Betrachtung Ihres Themas, Ihres Problems, zunächst allgemein gehalten und wird später im zweiten Teil mit vielen Anregungen zu den einzelnen Lebensbereichen wie »Job und Karriere«, »Beziehungen«, »Lebensstil«, »Sexualität« und »Quality Time« aus einem anderen Blickwinkel heraus ausgeführt.

Absolut unschlagbar bei Recherchen: die Bibliothek. In jeder halbwegs größeren Stadt gibt es kostengünstige oder sogar kostenfreie Bibliotheken mit unzähligen Büchern, Zeitungen, Magazinen und Filmen, die frei zugänglich sind und als besonderen Bonus auch noch von Menschen ein-, um- und überhaupt sortiert werden, die sich bestens mit Medien auskennen. Und die so richtige Bücherwürmer – also äußerst belesen und gebildet – sind. Wann waren Sie zuletzt in einer Bibliothek? Es werden sicher andere Trefferergebnisse dabei herauskommen als bei einer Google-Suche! Das verspreche ich Ihnen.

Offline sind gute Quellen immer auch Unternehmen, Verbände oder Vereine, die man zur Informationsgewinnung gerne auch direkt nach Literatur oder auch nach Ansprechpartnern fragen kann.

Nichtsdestotrotz ist der einfachste Weg – und der, der am leichtesten zu gehen ist – tatsächlich eine Internetrecherche. Aber Vorsicht, jeder kann beliebigen Inhalt im Web veröffentlichen, so dass nicht alle Seiten zuverlässige Quellen sind. Ob eine Quelle gut ist, kann man allerdings etwas eingrenzen, indem man im Blick behält, ob Quellenangaben vorhanden sind, das Datum – also die Aktualität nachvollziehbar ist – und auch schlichtweg, wie gut geschrieben ist. Seiten mit vielen Rechtschreibfehlern oder schlechter Grammatik schließe ich sofort aus, denn das ist ein offensichtlicher Qualitätsmangel.

Die Gefahr dabei ist allerdings, nicht bei der Sache zu bleiben und sich ablenken zu lassen. Man schweift recht leicht vom Thema ab, kommt vom Hundertsten ins Tausendste. Und anfangs verwendet man vielleicht auch noch die falschen Suchbegriffe. Einmal ganz davon abgesehen, wenn das Thema der Recherche potenziell eher verruchte Ergebnisse liefert. Es ist relativ unangenehm, sich via Internet über Sex oder Spielarten zu informieren, weil man Dinge zu sehen bekommt, die man nicht sehen will. Der Suchverlauf in Google entwickelt sich dann auch zu einer, sagen wir mal, verfänglichen Liste, die zu Schwierigkeiten führen kann, wenn der Rechner von mehreren Personen benutzt wird oder man jemandem sein Handy ausleiht. Auch Amazon zum Beispiel generiert ja Produktempfehlungen auf Basis der Käufe und der Suchen. Also auch hier könnten ungewollt Informationen erscheinen, die zum Beispiel einen Kollegen nicht unbedingt etwas angehen, wenn man in der Mittagspause zusammen nach einem Geschenk sucht. Ich spreche da aus eigener Erfahrung (»Was hast DU denn da gesucht?!?«). Aber das nur als Hinweis.

Exkurs: Internetrecherche

Als Informatikerin bin ich immer wieder entsetzt darüber, wie wenig die User von Smartphones und Co über die Möglichkeiten und die Funktionen wissen, die ihnen diese Hilfsmittel bieten. Auch die Recherche via Suchmaschinen ist da so ein Thema. Wussten Sie zum Beispiel, dass Sie mit dem gleichen Suchbegriff bei verschiedenen Suchmaschinen unterschiedliche Ergebnisse erhal-

ten? Jeder Anbieter hat eigene Datenhaushalte und eigene Suchalgorithmen und daher auch andere Ergebnisse. Vergleichen Sie also ruhig mal, was bei Google, Bing oder Yahoo herauskommt.

Für die Suche selbst gilt: Suchanfragen so kurz wie möglich formulieren und die Wortwahl möglichst präzise wählen. »Mein Kopf tut weh« liefert deutlich schlechtere Ergebnisse als der Begriff »Kopfschmerzen«. Deshalb ist eine Recherche immer mehrstufig: zunächst Begriffe oder Fachbegriffe finden und diese dann gezielt recherchieren. Sehr nützlich ist auch zu wissen, wie eine bestimmte Seite nach einem Begriff durchsucht werden kann. Mit »masterplan site:life-reanimation.de« erhalten Sie nur die Trefferliste für den Begriff »masterplan« auf der Seite »life-reanimation.de«. Suchen Sie doch mal nach »google suchoperatoren«« dann finden Sie noch etliche Tricks mehr, wie Sie Suchmaschinen gezielt für sich nutzen können.

Die Optionen bewerten

Nachdem Sie nun die vorhergehenden Kapitel durchgearbeitet haben, sind die wesentlichen Denkprozesse in Gang gesetzt. Einmal die Reflexion für sich selbst, die Reflexion der Situation und der Findungsprozess für Lösungsmöglichkeiten. Jetzt sollten einige Möglichkeiten mehr zur Lösung des Problems auf dem Tisch liegen als gewohnt. Ein bisschen wie beim Einkaufen in einem viel zu großen Supermarkt, kann die Vielzahl an Möglichkeiten auch erschlagend wirken. Und nicht alles passt außerdem zu jedem. Eine Lösung ist immer individuell. Weil jeder Mensch individuell ist. Es gibt kein Schema F, das auf alle Menschen zutrifft. Also muss nun bewertet werden, was von all dem Gefundenen und Erkannten passt. In das Leben, zu den Wünschen und Zielen für die Zukunft, zum eigenen Charakter. Und darauf kommt es an: klug zu entscheiden, womit es weitergeht, um sich nicht selbst Steine in den Weg zu legen. Je besser Sie sich und das Thema kennen, desto klüger können Sie jetzt die Auswahl treffen.

Optionen zu bewerten ist so eine Sache. Die Möglichkeiten die es gibt, kürzen sich schnell ein, wenn man mit dem gewohnten Schema »ja oder nein«, »mag ich oder mag ich nicht« vorgeht. Die Beurteilung erfolgt dann einfach aus dem Bauch heraus und führt vielleicht dazu, neue Möglichkeiten gar nicht erst in Betracht zu ziehen. Und genau das soll diesmal anders laufen.

Bewertungen finden permanent in unserem Kopf statt. Wir teilen ein in gut oder böse, richtig oder falsch, mag ich oder mag ich nicht. Das hilft uns, in der Welt zurechtzukommen und die vielen Informationen, die über die verschiedenen Sinnesorgane auf unser Gehirn einprasseln, zu reduzieren. Manches blendet unser Gehirn sogar regelrecht für uns aus, wenn es oft genug in die Kategorien »unnütz«, »unbrauchbar«, »überflüssig«, »mag ich nicht« und so weiter eingeteilt wird. Das reduziert den Horizont mit den Jahren ganz schön und der Blick für die Gesamtheit aller Dinge verschlankt sich. Es sind einfach Erfahrungswerte, die unser Gehirn nutzt, um zu selektieren. Abgesehen von der Reduktion von eingehenden Informationen erleichtert es das Leben auch ungemein und schont Kraft und Energie, wenn Menschen oder Situation in Schubladen eingeteilt werden können, die wir einordnen können.

Der Begriff »Vorurteil« ist zwar meistens eher negativ behaftet, aber im Grunde ist es ja gar nicht so verkehrt: vorab eine Beurteilung vornehmen, bevor man etwas getan, erlebt oder kennengelernt hat. Aber – und da sind wir wieder an dem eingangs genannten Punkt der Unterscheidung zwischen Theorie und Praxis – es ist bloße Theorie. Wir wissen nicht, ob unser Urteil zutreffend ist. Wir vermuten es nur. Selbst wenn wir die Situation bereits einmal durchlebt und kategorisiert haben, kann es sein, dass sie heute unter ganz anderen Umständen ganz anders verläuft. Die Spreu trennt sich dann vom Weizen, wenn es darum geht, wie jetzt weiter damit umgegangen wird: Wird das Urteil erneut überprüft, dem Gegenstand der

Vorverurteilung eine Chance gegeben oder ist die Überzeugung, korrekt eingeordnet zu haben, so groß, dass kein Abgleich mit der Realität mehr stattfindet? Der Vorgang der Kategorisierung ist täglich Brot für unser Gehirn und es beherrscht ihn perfekt. In Sekundenschnelle trifft es Millionen Entscheidungen für uns. Und wir hinterfragen diese Entscheidung oft nicht mehr. Eigentlich komisch, oder? Würde ein anderer Mensch für uns ausselektieren, was gut oder schlecht, richtig oder falsch ist, würden wir uns das bieten lassen? Wenn Ihr Vorgesetzter im Job eine Entscheidung trifft, gehen Sie dann nicht auch mit ihm oder mit ihren Kollegen in Diskussion und beleuchten die Qualität der Entscheidung und reflektieren die verschiedenen Aspekte, um herauszufinden, ob Sie damit einverstanden sind? Genau, so läuft es aber mit uns selbst. Und je älter unser »Chef« im Kopf wird, desto unflexibler wird er vielleicht auch, wenn er nicht immer wieder mal durch Neugier, Mut und Hinterfragen dazu kommt, alte Urteile neu zu überdenken. Und damit auch neue Möglichkeiten zuzulassen.

Es ist also auch eine Charakterfrage. Und auch eine Frage der Erlebnisse, die einem Mensch zugestoßen sind. Vorurteile haben oft auch viel mit Angst zu tun. Sie sind ein Hilfsmittel, um nicht in Gefahrensituationen zu geraten. Und sie geben uns Sicherheit. Aber gleichzeitig: ohne Risiko kein Weiterkommen. No risk, no fun. Wer nicht wagt, der nicht gewinnt.

Daher hoffe ich sehr, dass es Ihnen gelungen ist, bei der Suche nach Lösungsansätzen für Ihre Situation auch Optionen zu notieren und ins Auge zu fassen, die normalerweise im ersten Augenblick durch das Raster fallen würden. Es spielt überhaupt keine Rolle, ob Sie sich bereits vorstellen, etwas davon real auszuprobieren oder nicht. Es ist nur wichtig, erst einmal nichts kategorisch auszuschließen.

Jetzt geht es um eine Selektion für den Masterplan. Also ran an den Speck.

Kriterium Nummer 1: Der Widerstand
Welche der gefundenen Möglichkeiten lösen keinen oder wenig inneren Widerstand aus? (Innerer Widerstand, das wären Reaktionen wie »ich will nicht« oder »gefällt mir nicht«.)

Kriterium Nummer 2: Die Einfachheit
Welche Lösung ist so simpel und so einfach, dass sie fast von alleine geht? Was geht ohne nennenswerte Anstrengung und mit sehr geringem Ressourceneinsatz?

Kriterium Nummer 3: Aufwand und Nutzen
Bei welcher Variante ist das Verhältnis von Aufwand und Nutzen so günstig, dass deren Umsetzung einen Meilenstein in der Lösung des Gesamtproblems mit wenig oder kurzfristigem Einsatz bedeutet? (Die Methode heißt auch »Viele Fliegen mit einer Klappe«.)

Kriterium Nummer 4: Der Effekt
Welche Option hat den größten Effekt auf die Gesamtsituation? (Das könnte zum Beispiel eine für Sie ungewöhnliche Handlung oder ein unkonventioneller Schritt sein.)

Kriterium Nummer 5: Der Preis
Welche Option kann zu einem günstigen Preis eingetauscht werden?

»Preis? Was für ein Preis denn?«, höre ich den einen oder anderen denken. Gute Frage. Also, alles was wir machen hat einen Preis. Es kostet Zeit, es kostet Energie, es kostet Geld, wir würden gerne das eine tun, müssen aber stattdessen das andere. Im Grunde ist jeder Tag ein einziger Kuhhandel. Jeden Tag muss entschieden werden was zu tun ist und was nicht. Es stehen vierundzwanzig Stunden zur Verfügung. Nicht mehr, aber auch nicht weniger. Wenn ich mich entscheide, etwas zu tun, entscheide ich mich automatisch gegen etwas anderes. Ich kann nicht gleichzeitig arbeiten und Musik machen. Ich kann nicht vierundzwanzig Stunden arbeiten und danach für ein wichtiges Meeting ausgeschlafen sein. Jeden Tag, vielleicht sogar jede Stunde aufs Neue stehen wir vor der Frage: What's next? Das, was wir nicht tun in dieser Zeit, das ist der Preis von dem hier die Rede ist. Wir tauschen das eine gegen das andere. Tue ich dieses, kann ich jenes nicht tun. Kaufe ich mit meinem Geld ein Motorrad, kann ich nicht mit demselben Geld mein Haus renovieren. Der Preis für das Motorrad ist der Verzicht auf die Renovierung.

Möchte ich ein Unternehmen aufbauen, dann kostet das in der Regel viel Zeit, um Strukturen zu schaffen, gute Mitarbeiter zu finden, Kunden zu akquirieren. Der Preis ist (oft), dass die Zeit für die Familie fehlt oder für die Partnerschaft. Eine daher lohnenswerte Empfehlung für alle, die sich selbstständig machen wollen da draußen: Besprechen Sie diesen Preis mit Ihren Liebsten, am besten, bevor es losgeht. Ein klares Commitment von allen, diesen Preis gemeinsam zu zahlen, kann Sie vor der Trennung bewahren.

Übrigens ist auch die Höhe des Preises verhandelbar, wie bei jedem guten Handel. Sie entscheiden selbst darüber, nicht nur, auf was Sie verzichten, sondern auch in welchem Umfang.

Kriterium 6: Das Risiko
Welche Risiken sind mit der Lösungsoption verbunden?

Ein ganz erheblicher Punkt für Bewertungen und Abwägungen: Was kann schief gehen oder welche negative Auswirkung kann auftreten? Ich selbst gehe gerne Risiken ein. Aber nie leichtfertig. Ein Risiko zu kennen und trotzdem weiterzumachen ist sehr befreiend. Denn meiner Erfahrung nach treten Risiken sehr selten auch wirklich ein. Wenn doch, dann weiß ich, dass ich oft genug das Maximum aus einer riskanten Situation herausgeholt habe und alles gut ging. Im Durchschnitt betrachtet passt es also. Daher plädiere ich stets dafür: Betrachten Sie die Risiken und entscheiden Sie sich bewusst, ob Sie sie eingehen wollen oder ob Sie hinterher, im Worst Case sozusagen, Ihres Lebens nicht mehr froh wären. Ein Risiko nicht einzugehen, macht vielleicht die aktuelle Situation für Sie akzeptabler. Jede bewusste Entscheidung erleichtert. Auch dann sind Sie bereits einen Schritt weiter bei der Lösung Ihrer Situation.

Kriterium 7: Die Investition

- Wie hoch ist der anfängliche Zeitaufwand, wie hoch der langfristige?
- Wie viel Kosten (diesmal tatsächlich Geld) entstehen initial, welche langfristig?
- Wie hoch ist der Preis (also auf was verzichten Sie) anfangs und wie langfristig?
- Wie sieht der kurzfristige Effekt aus, wie der langfristige?

Und nun gibt es genau vier Fragen, um die Option noch genauer begutachten, beurteilen, einschätzen zu können:

- Wie gut passt eine Option zu Ihrem Ziel?
- Wie gut passt die Option zu Ihnen?
- Entspricht sie Ihren Bedingungen und Spielregeln?
- Sind Sie bereit, ohne Wenn und Aber alles Erforderliche zu investieren?

Quer gecheckt

Jetzt ist der Moment gekommen, in dem die Antworten aus Ihrem schlauen Buch benötigt werden. Ich hoffe, Sie haben Ihr schlaues Buch oder Ihre sonstigen Notizen dazu bei der Hand. Die wichtigsten Fragen haben Sie sich eingangs nämlich bereits gestellt.

Die Wünsche für die Zukunft und die konkreten Ziele sollten schon in Ihrem Buch stehen. Wenn nicht, dann schauen Sie sich noch einmal den Abschnitt »Die Zukunft« an. Wo soll die Reise hingehen, dass Sie sagen können, dass Sie zufrieden sind? Was konkret soll für Sie dabei herauskommen?

Gehen Sie noch einmal mit jetziger Sicht durch, wie Sie gestrickt sind und was Sie ausmacht:

- Was treibt Sie an?
- Woran halten Sie fest?
- Was macht Ihnen Angst?
- Welche Eigenschaften mögen Sie an sich?
- Was können Sie gut?
- Was machen Sie gern?
- Was mögen Sie nicht?
- Was wollen Sie nicht?

Bei Unklarheiten oder Zweifeln, lesen Sie noch einmal den Abschnitt »Was treibt Sie an?«. Betrachten Sie jetzt auch noch einmal Ihre Bedingungen, die Spielregeln, die in Ihrem Leben eingehalten werden sollen. Das haben Sie im Abschnitt »Von Bedingungen und Spielregeln« herausgefunden.

Mit den Antworten auf diese Fragen lässt sich hervorragend arbeiten, wenn es um die Auswahl von Optionen geht. Lassen Sie sich nicht von den üblichen Urteilen leiten, sondern bringen Sie die Entscheidung auf einen eher rationalen Level, indem Sie sie die vorher gesammelten Antworten und die gefundenen Optionen gegeneinander halten. Und schon haben Sie ein neues Bild, das Ihre Vorlieben berücksichtigt und vermutlich anders ausfällt, als gewohnt. Zu wissen, welche Lösungen den größten Effekt in der vorliegenden Situation haben und welche genau zu Ihnen passen, ist der zentrale Vorteil gegenüber allen üblichen Strategien.

Exkurs: Die Anderen

Wenn wir Lösungsoptionen bewerten, wird es gerne einmal kompliziert. Denn es ist nämlich tatsächlich nicht einfach eine Kopfsache, sondern es spielen jede Menge Eindrücke und Emotionen eine Rolle, die auch Einfluss darauf haben, wie etwas gelöst wird – oder eben wie etwas lange Zeit nicht gelöst wird. Was uns aufhält, ist oft die Auswirkung auf andere. Was denkt ein anderer über mich, wenn ich offen zugebe, dass ich dieses Problem habe? Angst vor Verurteilung ist ein großer Hemmfaktor. Wir möchten gerne anerkannt sein von anderen, das ist ein nur zu menschlicher Wunsch. Der Moment, in dem ich handle, kann sehr viel über mich offenbaren, was bisher im Verborgenen blieb. Und wir wissen im Vorfeld einfach nicht, wie unsere Umwelt reagiert. Und davon lassen wir uns massiv beeinflussen. Was aber, wenn es die Menschen in unserem Umfeld gar nicht interessiert? Was, wenn das Problem für andere eine Selbstverständlichkeit ist? Was, wenn es längst gesehen wird und sich andere wundern, warum man nichts dagegen tut?

Meiner Erfahrung nach ist alles, was man sich vorstellt immer um ein Vielfaches schlimmer als die Realität. Es ist alles halb so schlimm, im wahrsten Sinne des Wortes. Bitte überlegen Sie gut, ob Sie die Angst vor Gesichtsverlust oder sozialen Sanktionen lähmt. Und wie lange schon. Und ob es das wert ist, wegen etwas, dass Sie faktisch nicht wissen, Ihr Leben nicht nach Ihren Vorstellungen zu verändern.

Treffen Sie auch hier eine ganz bewusste Entscheidung. Ihr Leben, Ihre Spielregeln.

Ich werde nicht müde zu wiederholen: Schließen Sie keine Option aus. Jede ist es wert, von Ihnen begutachtet zu werden. Achten Sie besonders auch darauf, die kleinen Schritte zu beachten. Selbst, wenn Sie noch in der Findungsphase und in der Vorbereitung des Masterplans sind, können nur allein durch die Auseinandersetzung mit den Facetten Ihrer Situation schon Veränderungen stattfinden. Kleine Schritte führen zu kleineren Teilerfolgen, die eine große Wirkung haben können. In der Sache oder auch einfach darauf, wie es Ihnen geht. Je besser es Ihnen geht, desto schöner entwickelt sich der Rest. Und desto leichter.

Entschieden entscheiden

Haben Sie schon einmal darüber nachgedacht, sich tätowieren zu lassen? Eine Tätowierung ist eine Entscheidung fürs Leben. Eine Modifikation des eigenen Körpers auf Lebenszeit. Wenn man sich ernsthaft damit beschäftigt und nicht am Ende mit einem Schandmal dastehen möchte, ist es hilfreich, sich sehr gründlich damit zu beschäftigen. Die Entscheidung über »tätowieren lassen – ja oder nein« ist meistens recht schnell getroffen. Aber dann geht es erst richtig los: Welches Motiv soll es werden? Welcher Tattoo-Stil? Welcher Tätowierer kann das und wo ist sein Studio? Und dann steht alles noch einmal infrage, wenn die Körperstelle, die tätowiert werden soll, gar nicht zum gewählten Motiv passt. Denn, wenn ein Tattoo aus Platzmangel zu feingliedrig aufgebaut wird, sieht es einfach aus wie ein Fleck. Nichts ist erkennbar, wenn man es nicht ganz nah betrachtet. Es sollte zudem erweiterbar sein, wenn denn der Wunsch besteht, nicht wie ein Fleckenteppich bemalt zu sein und um weitere Motive gut einbinden zu können. Nun ja, und dann ist der Tätowierer selbst ja auch Künstler und soll durchaus auch noch seine Handschrift miteinbringen. Er berät, hat ganz neue Ansichten, Argumente und Anregungen – und schon steht alles wieder infrage. Schließlich bleibt nur noch zu hoffen, dass sich der persönliche Geschmack nicht ganz verändert und in ein bis zwei Jahren viel Geld für eine schmerzhafte Laserbehandlung ausgegeben werden muss.

Die goldene Regel für Profis lautet: Wenn man eine Motiv-Idee und eine Körperstelle im Kopf hat, dann suche man einen Tätowierer des Vertrauens. Man arbeite beides zusammen gleich mit dem Tätowierer aus. Dabei entsteht ein gezeichneter Entwurf, den man mit nach Hause nehmen kann. Und jetzt kommt's: Der Entwurf wird an einer unübersehbaren Stelle in der Wohnung aufgehängt. Und zwar ein ganzes Jahr lang. Wenn nach einem Jahr sowohl die Entscheidung für exakt dieses Motiv für genau diese Körperstelle immer noch standhält, dann kann es losgehen. Dann sind Sie sicher. Nun, das macht ziemlich leicht deutlich, warum eine Strategie für Entscheidungsfindung hilfreich ist. Nur die wenigsten Menschen haben nämlich eine. Die wohl häufigste Antwort ist wohl »erst mal eine Nacht drüber schlafen«. Das kann ich nur unterschreiben. Aber wozu denn überschlafen, wenn das, worüber man schläft nicht Hand und Fuß hat, sondern nur ein oberflächliches Bauchgefühl ist? Aus der Situation heraus.

Was Sie tun müssen ist im Grunde eigentlich ganz einfach:

- Kommen Sie zu einer Entscheidung, in dem Sie a) herausfinden, was Sie erreichen wollen und was nicht; b) alle möglichen Lösungsoptionen generieren und c) alle möglichen Optionen bewerten, wie gut sie zu Ihnen und Ihren Zielen passen.
- Schlafen Sie drüber, gern auch mehr als nur eine Nacht.
- Fangen Sie wieder oben an: Treffen Sie Ihre Entscheidung erneut und hinterfragen Sie, ob Sie heute noch genauso entscheiden wie gestern.
- Wenn Sie zum gleichen Ergebnis gekommen sind: Legen Sie los.
- Wenn Sie zu einem anderen Ergebnis gekommen sind: Notieren Sie die Gründe und fangen Sie wieder oben an.

Das klingt logisch und ist sicher keine Rocket Science, aber machen Sie das auch wirklich so? Mit Notizen und allem Drum und Dran? Wenn bei wiederholter Prüfung das gleiche Ergebnis herauskommt, dann sollten Sie starten.

Eine Entscheidung ist dann gut und belastbar, wenn wir ein wirklich gutes Gefühl dafür entwickeln konnten, etwas zu tun oder nicht zu tun. Die Gefahr besteht immer darin, eine Entscheidung zu treffen, die hinterher bereut wird. Je solider und gründlicher aber der Entscheidungsprozess gelaufen ist, desto versöhnlicher kann man mit sich selbst sein, auch, wenn sich hinterher herausstellt, dass eine Entscheidung falsch war. Eine Unbekannte bleibt immer, egal, wie gründlich wir vorgehen: Wir können nicht in die Zukunft sehen und wir können nicht in andere Menschen hineinsehen. Wir können nur dafür sorgen, dass wir nach bestem Wissen und Gewissen, mit einer angemessenen Gründlichkeit und auf Basis der heute vorliegenden Informationen entscheiden. Das ist das Maximum, was wir beeinflussen können.

Wenn Sie eine Lösungsoption noch nicht kennen, stresst Sie das erst mal nicht so sehr. Ganz getreu dem Motto »Was ich nicht weiß, macht mich nicht heiß«. Aber die Entscheidung zwischen gefundenen Optionen ist oftmals das, was uns umtreibt und schlaflose Nächte bereitet. »Was soll ich tun?«, das ist die Frage.

Nun ist es aber doch schon eine ganze Fülle an Informationen, die Sie im Laufe der letzten Kapitel gesammelt haben. Beim Versuch, alle Antworten über sich selbst und alle gefundenen Optionen gegeneinander zu halten, kann man schon mal den Überblick verlieren. Deshalb braucht es auch hier wieder Struktur, um nicht durcheinanderzukommen.

Daher stelle ich nun zwei einfache Ansätze vor, mit denen Sie Ihre Entscheidung vorbereiten können. Sie sind Hilfsmittel, um ein bisschen Struktur in Ihre Gedankenwelt und etwas Rationalität in das Bauchgefühl zu bringen.

Als Resultat bekommen Sie bei beiden Methoden eine Reihenfolge der Optionen, nur bewertet nach den Dingen, die Ihnen wichtig sind und denen, die Sie nicht wollen oder mögen. Die Wahrscheinlichkeit, dass das Ergebnis zum Erfolg bei der Lösung Ihres Problems führt, ist sehr viel höher als alles, was Sie vorher nur durchdacht haben. Allein, dass Sie jetzt wissen, dass Sie das Thema gründlich untersucht haben, wird Ihnen Sicherheit geben.

Entscheidungsmatrix

Die passende Methode dazu ist die Entscheidungsmatrix. Diese Technik wird in Projekten gern eingesetzt, um die Qualität von Entscheidungen für oder gegen etwas aufzuzeigen. Was passiert, wenn ich den einen Weg gehe, was, wenn ich den anderen gehe? Was zahlt auf welches meiner Projektziele ein, was passt zu langfristigen Unternehmenszielen und so weiter.

Man notiert in einer Tabelle in der ersten Spalte längs alle möglichen Lösungsoptionen. Danach in der ersten Zeile quer die verschiedenen Ziele oder Argumente, die vorher als wichtig erachtet wurden. In unserem Fall sind es wieder Ihre Ziele, was Ihnen wichtig ist (was zu Ihnen passt) und Ihre Spielregeln.

Die Reihenfolge ist nicht wichtig, es wurde vorher noch keine Bewertung vorgenommen.

Ziele / Optionen	Job verändern	Leben vereinfachen	Gesünder leben	Summe
Quereinsteiger bei einer Personalabteilung	x	x	x	3
Selbstständigkeit ganz aufgeben	x	x	x	3

Ziele / Optionen	Job verändern	Leben vereinfachen	Gesünder leben	Summe
Kunden aus anderen Branchen akquirieren	x			1
Nebengewerblich selbstständig arbeiten	x			1
Eine einfache Arbeit suchen	x	x	x	3
Hobby zum Beruf machen	x			1
Haus und Hof verkaufen		x	x	2
Auszeit nehmen (von Ersparnissen leben, langer Urlaub)	x	x	x	3
Umzug in die Nähe von Freunden und Familie		x	x	2
Trennung vom Partner		x	x	2
Zeit gewinnen: Job über zwölf Monate beibehalten				0

Jetzt gehen Sie der Reihe nach die Lösungen durch und überlegen dabei die Antwort auf die Frage: Passt diese Lösung zum Ziel?

Lautet die Antwort »ja«, dann setzen Sie ein Kreuz. Gehen Sie am besten Spalte für Spalte durch. Konzentrieren Sie sich auf die eine Lösung und schauen Sie, ob Sie zu Ziel a, Ziel b, Ziel c passt. Natürlich kann eine Lösung mehrere Ziele bedienen.

Am Ende zählen Sie einfach durch, welche Lösung wie viele Kreuze von Ihnen erhalten hat. Tragen Sie das in die letzte Zeile bei »Summe« ein.

Machen Sie für diese drei Perspektiven so eine Matrix: Passen die Optionen zu den Zielen, passen sie zu Ihnen und passen sie zu Ihren Spielregeln? Sie werden sehr viel Klarheit dadurch erlangen. Es lohnt sich, dafür einen Abend oder einen ruhigen Nachmittag zu investieren. Ich persönlich mache das gerne im Urlaub. Ein bis zwei Tage schreibe ich nur die verschiedenen Aspekte und Lösungsansätze auf, am dritten Tag setze ich Kreuze. Am vierten und fünften Tag setzen sich die Informationen und ich hab spätestens dann eine neue Strategie in der Tasche.

Variation Entscheidungsmatrix mit Kriterien

Manchmal kommen in der Summe gleiche Ergebnisse heraus, also Option 1 und Option 3 könnten gleichviele Kreuze haben.

Dann können weitere Kriterien greifen wie in unserem Fall das Bauchgefühl zum Beispiel. Oder die Kriterien, wie sie oben im Abschnitt »Die Optionen bewerten« aufgeführt sind. In jedem Fall werden einige Lösungen besser dastehen und andere schlechter. Eine Vorauswahl ist damit leicht getroffen. Aber bitte, bleiben Sie pragmatisch. Wenn es einen Weg gibt, den Sie unbedingt gehen wollen, dann machen Sie es einfach vor oder mit den am höchsten bewerteten Lösungswegen.

In einem Unternehmen könnten weitere Kriterien die Unternehmenskultur oder die Präferenzen der Vorstandsmitglieder sein, die den Entscheidungen schließlich auch zustimmen müssen. Unterm Strich gilt: Diese Technik ist eine perfekte Vorbereitung für eine solide Entscheidung.

Variation Entscheidungsmatrix mit Punktebewertung

Ich sage immer: Man kann alles ausrechnen. So auch, welchen Weg man gehen muss. Setzt man statt eines Kreuzes eine Zahl von 0 bis 3, die aussagt, wie gut die Lösung zu dem jeweiligen Ziel passt, dann verpasst man damit eine zusätzliche Wertung, die in Zahlen ausgedrückt ist. Zahlen sind so herrlich übersichtlich und schaffen ein klareres Ergebnis als die Frage nach dem »ja« oder »nein«.

Einfach ausrechnen

Eine etwas weniger formale Vorgehensweise ist die Priorisierung mit Punkten. Man geht die Optionen durch und vergibt ganz aus dem Bauch heraus Punkte zwischen 0 bis 3. Am Ende zählen Sie die Punkte und haben auch hier eine Bewertung, die aber natürlich um einiges subjektiver ist als die Entscheidungsmatrix. Einfach, weil sie weniger ins Detail geht. Dafür geht es schneller, auch, wenn Sie viele Optionen und bereits viele Antworten haben. Nur Vorsicht: Dass es schneller geht bedeutet nicht, dass diese Methode in ein paar Minuten abgehandelt ist. Auch hier plädiere ich dafür, dass Sie sich pro Fragestellung und dazugehörige Antworten mindestens einen bis zwei Tage Zeit lassen, um sich nur auf diese eine Frage zu konzentrieren.

Ich wiederhole: Es braucht Zeit, ein Gefühl zu entwickeln. Reifezeit, sozusagen.

Wenn Sie alle Fragen und Antworten durchgegangen sind und den Optionen die Punkte gegeben haben, lassen sie sich in eine Reihenfolge bringen. Ganz nach dem Prinzip: höchste Punkteanzahl zuerst. Das heißt auch, dass Sie jetzt wieder mehr wissen, welche Optionen am besten zu Ihnen passen. Und welche (im Augenblick) nicht so gut.

Der Plan

Etwas zu tun statt zu bedenken, ist sehr aufschlussreich. Besonders dann, wenn es gelingt, mit einer entspannten Haltung heranzugehen. Bei den vielen Wegen, wie einer Situation an den Kragen gegangen werden kann, ist eines sicher: Nicht jeder der Wege, von dem wir denken, dass er der richtige ist, ist es auch in der Realität. Gelegentlich denken wir, dass eine Aktion A der Weisheit letzter Schluss ist und wir nur über diese zum Erfolg kommen. Beim Machen dieser Aktion stellen wir aber fest, dass das Ergebnis nicht halb so gut für unsere Zwecke ist, wie vielleicht (jahrelang) vermutet oder dass es nicht zu unserer Einstellung, unserem Leben passt, sich danach zu verhalten. Die große Gefahr ist, sich mit den falschen Dingen oder Ansätzen zu beschäftigen und sich damit wertvolle Zeit zu stehlen. So lange man denkt, man muss das eine tun, versperrt man sich den Weg, etwas anderes zu tun.

Wissen durch Praxis zu erlangen ist die Königsdisziplin der Veränderung. Und jeder Tag zählt. Jeder noch so kleine Selbstversuch zählt. Jeder Schritt, der vielleicht sogar Überwindung kostet, bringt uns um Längen nach vorne. Ein Moment der Erkenntnis, ein Aha-Effekt, katapultiert uns förmlich in die richtige Richtung.

Zu wissen, was ich will, beginnt damit, zu wissen, was ich nicht will. Stellen Sie sich die Frage: »Kann ich denn überhaupt etwas verlieren oder kann ich nur etwas gewinnen, wenn ich neue Möglichkeiten ausprobiere?«

Hau-Ruck-Aktionen

Ein echter Garant für gescheiterte Änderungsversuche sind Hau-Ruck-Aktionen. Sie zeichnen sich dadurch aus, dass sie schlecht vorbereitet sind und kurzfristig alles auf den Kopf stellen. Ich rate daher dringend davon ab, unüberlegt zu handeln. Möglicherweise wird dadurch nur mehr Schaden verursacht, als dass es etwas nützt. Der Schaden der entstehen kann, ist auch mentaler Natur: Jeder Misserfolg schwächt uns und schafft neue Hürden für einen neuen Anlauf. Oft also völlige Zeit- und Energieverschwendung. Um Misserfolge möglichst zu vermeiden und eine langfristige Änderung zu erzielen, braucht es besonders in komplexeren Situationen einfach mehr Struktur als in einfacheren. Ich gehe davon aus, dass eine komplexe Situation Anlass für das Lesen dieses Buches ist. Doch auch in alltäglichen oder weniger komplizierten Angelegenheiten sind ein Plan und eine Struktur absolut empfehlenswert. Sie sind Hilfsmittel zum Erfolg und Hilfsmittel, uns nicht selbst im Weg zu stehen. Und die einfach alles vereinfachen.

Immer schön flexibel bleiben

So langsam wird's also ernst und vermutlich taucht bei dem einen oder anderen die Frage auf: Wann – um alles in der Welt – soll ich das denn alles ausprobieren?! Genau. Das ist eine sehr gute Frage, die entscheidend dafür ist, ob das Projekt gelingt oder nicht. Deshalb möchte ich dem Thema Timing ein paar Extra-Worte spendieren.

Exkurs: Aufwand – Ergebnisse – Zeit

Der häufigste Fehler bei der Durchführung von Projekten ist der, dass der Zusammenhang zwischen Fertigstellungstermin, investierter Aufwand (Geld, Zeit, sonstige Ressourcen) und Ergebnis schlicht ignoriert wird. Dabei ist es ganz simpel: Wird zum Beispiel das Budget gekürzt, verändern sich auch der Umfang der Ergebnisse und der Zeitpunkt der Umsetzung.

Es gibt eine Abhängigkeit zwischen den Faktoren. Doch wozu werden Fertigstellungstermine, Aufwände und Ergebnisse denn überhaupt im Vorfeld festgeschrieben? Eigentlich nur für das Management. Denn es entscheidet darüber, wofür Geld ausgegeben wird und es legt die Unternehmensziele fest, die mit dem Budget erreicht werden sollen. Die Grundlage dafür sind die Projektsteckbriefe, die oft zu früh und ohne die genauen Ziele oder Inhalte zu kennen, vorgelegt werden. Das heißt, alle Zahlen und Daten sind (leider zu oft unqualifiziert) grob geschätzt und haben mit der Realität nichts zu tun.

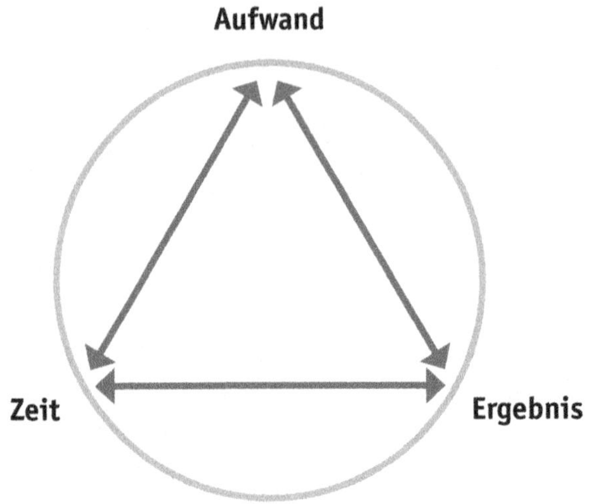

Nun gibt es agile Vorgehensweisen, die einen ganz anderen Ansatz fahren: Entweder ein Fertigstellungstermin oder der zu investierende Aufwand oder der Ergebnisumfang sind vorgegeben. Sobald die definierte Schwelle erreicht ist (terminlich, zeitlich/finanziell oder ergebnismäßig) ist das Projekt zu Ende. Einzige Bedingung: Die Häppchen der Zwischenergebnisse müssen so geschnitten sein, dass sie immer abgeschlossen sind und der Stand, der erreicht ist, auch operativ von den Anwendern nutzbar ist. Das ist ein sehr viel ehrlicherer Ansatz, wie ich finde. Ein vorgegebenes Korsett zur Besänftigung des Managements entfällt. Damit aber auch Druckmittel, weshalb im Übrigen das Management oft das größte Problem mit der Umstellung auf dieses agile Arbeiten hat.

Inhalte, die programmiert werden sollen, werden in logisch abgeschlossene und verwendbare Teile geschnitten. Die Teile werden dann in Form von Überschriften auf einer Pinnwand gesammelt und in regelmäßigen Abständen werden sie eingeplant. Und zwar über einen zeitlich überschaubaren Zeitraum. Das heißt aber, dass die meisten Umsetzungsteile ungeplant auf der

Pinnwand verharren. Man konzentriert sich inhaltlich nur auf Punkte, die jetzt – in diesem Umsetzungszeitraum – bearbeitet werden. Diese Zeiträume dauern circa vier bis sechs Wochen und sind somit intuitiv greifbar. Danach schaut man sich an, welche Teile als nächstes sinnvollerweise umgesetzt werden sollen. Unter Berücksichtigung dessen, was in den vergangenen vier bis sechs Wochen an Erkenntnissen, Entscheidungen und Veränderungen aufgelaufen ist. Risiken werden dadurch stets aktuell berücksichtigt und die Priorisierung regelmäßig überprüft.

Orientieren Sie sich bei der Umstellung von Gewohnheiten nur auf das Ergebnis. Nicht auf den Zeitpunkt, bis wann sie fertig sein wollen, nicht auf den zu investierenden Aufwand. Es sollte nur feststehen, was genau wohin verändert werden soll. Bis wann das umgesetzt sein wird oder wie viel Aufwand (im Sinne von Geld oder andere Ressourcen, wie Zeit pro Tag oder Woche) investiert wird, ist erst einmal irrelevant.

In Ihrem Leben sind Sie selbst das Management. Wenn Sie sich etwas Großes vornehmen und sich ein zu starres Korsett anlegen, geißeln Sie sich nur selbst. »Ich muss« stünde dabei im Vordergrund. Was Sie brauchen, sind in sich abgeschlossene, für Sie nützliche, brauchbare Häppchen, die Sie konkret vorwärts bringen. Kein großer Wurf, der in Monaten oder noch später erst greift. »Ich will« sollte die Devise sein.

Ein Beispiel: Nehmen wir einmal an, jemand möchte mehr Sport machen oder abnehmen, arbeitet Vollzeit, hat Familie und weitere Verpflichtungen. Dann ist es eine Frage der Prioritäten, wann er anfängt, sich mit sich selbst, seinen Themen und mit dem Ausprobieren von neuen Ideen zu beschäftigen. Kinder gehen immer vor. Der Job meistens auch. Aber vielleicht ist der erste Schritt auch nicht viermal zwei Stunden Fitnessstudio pro

»

Ich will nackt gut aussehen!

Lester Burnham (Zitat aus dem Film »American Beauty«)

«

Woche, sondern die Auseinandersetzung mit dem Thema Sport beziehungsweise Ernährung. Der Anfang ist gemacht, ohne auch nur etwas in der Handlung verändert zu haben. Und währenddessen stellt sich automatisch heraus: Wollen Sie die Veränderung wirklich und bekommen umso mehr Lust (Hürde sinkt, Prioritäten verändern sich) oder wollen Sie im Grunde gar nicht sporteln und Ihre einzige Motivation ist ein schlechtes Gewissen? (Anmerkung der Autorin: Übrigens, die Aussage »Kinder gehen immer vor« bezieht sich auf Kinder, die auf die Eltern angewiesen sind. Eine fünfzehnjährige Tochter beispielsweise, zählt nicht dazu. Und der Begriff »Eltern« bezieht sich fast immer auf mindestens zwei Personen.)

Eine zeitlich pragmatische Herangehensweise bedeutet jedoch auch, in Kauf zu nehmen, dass es insgesamt vielleicht länger dauert, bis Sie alles haben, was Sie wollen. Doch der motivierende Aspekt von erfolgreichen Teilschritten ist nicht zu unterschätzen. Und sie erschließen neue Perspektiven, die ein ursprünglich gefasstes Ziel verändern könnten. Darauf können Sie mit einem Masterplan souverän reagieren.

»Gras wächst nicht schneller, wenn man daran zieht.«

Afrikanisches Sprichwort

Ich kenne deutlich mehr Personen, die an Diäten á la zwanzig-Kilo-in-zwei-Wochen gescheitert sind, als solche, die einfach angefangen haben und entspannt über einen Zeitraum von zwölf Monaten oder mehr kontinuierlich abgenommen haben. Die zuerst gelesen, dann passende Sportarten für sich gesucht haben, dabei Freundschaften schlossen und Spaß gefunden haben. Machen Sie sich nicht selbst den Stress, der Sie letztendlich zum Scheitern verurteilt. Beschäftigen Sie sich mit der Struktur und den Inhalten Ihres Masterplans und fangen Sie einfach an. Es kommt ausschließlich auf das Ergebnis an, auf das Wozu.

Der Masterplan

Der Anfang ist gemacht. Sie kennen jetzt viele verschiedene Optionen und haben Bewertungen vorgenommen, die Ihnen direkt zeigen, welche der Möglichkeiten für Sie größten Nutzen bringen und welche am besten zu Ihnen passen. Nun ist aber bisher alles noch bloße Theorie. Ich kann es nicht genug betonen: Ohne Praxis geht gar nichts. Deshalb gilt es nun aus den gefundenen Optionen diejenigen herauszufinden, die jetzt umgesetzt werden sollen. In real life!

Die oben beschriebenen Bewertungsmöglichkeiten sind schon eine erste Hilfestellung, an der man sich orientieren kann. Aber nachdem erfahrungsgemäß die Umsetzung immer die größte Hürde darstellt, schlage ich vor, zunächst noch einmal einen anderen Aspekt einfließen zu lassen. Nämlich das Prinzip der geringsten Widerstände. Schon wieder Widerstände? Das hatten wir doch schon? Nun ja. Eine Idee zur Lösung kann innere Widerstände auslösen, etwas wie »gefällt mir nicht«, »will ich nicht«, »kann ich nicht«. Diese Art des Widerstands floss bereits in die Vorauswahl ein. Was aber bei der konkreten Planung relevant ist, sind äußere Widerstände. Also Dinge, Umstände, Ereignisse, die eine Umsetzung einfach oder schwerer machen.

Welche Idee lässt sich absolut easy in die Tat umsetzen? Vielleicht, weil sie direkt mit dem Arbeitsweg verbunden werden kann, oder weil Sie ohnehin schon jemand gefragt hat mitzukommen. Was passt zur Jahreszeit? Für welchen Testlauf sind erst in vier Wochen günstige Bedingungen da? Angenommen, auf Ihrem Zettel im schlauen Buch steht »Ski fahren gehen«, weil Sie mehr Sport machen wollen. Im Winter ist das für die meisten je nach Wohnort mit einer Reise verbunden, sagen wir mal nach Österreich. Im Sommer wäre die Operation »Ski fahren« um einiges aufwendiger, denn dann ein Skigebiet aufzusuchen, führt zu einer etwas weiteren Reise als nach Österreich. Worauf ich hinauswill: Nicht zu jedem Zeitpunkt ist die Umsetzung von

Lösungen gleich clever. Also stellen Sie diese Lösung zurück. Und stellen Sie grundsätzlich die Frage: Ist jetzt der günstigste Zeitpunkt genau diese Option zu testen? Unter welchen Umständen geht es leichter und wann genau treten diese ein? Ich rede nicht von einer Vorbedingung wie »Wenn ich in zwei Wochen zwanzig Kilo abgenommen habe, dann gehe ich Skifahren …«, sondern von Rahmenbedingungen, die von außen vorgegeben sind.

Exkurs: Günstige Rahmenbedingungen

Ich habe damals eine Diät begonnen, als ich eine Kieferoperation hatte. Der Termin war für Freitagnachmittag angesetzt und ich durfte eine Woche nur vorsichtig, am besten flüssig, essen. Also habe ich eine Woche lang Eiweißshakes getestet und den herausgesucht, den ich bis heute wirklich gerne trinke, wenn ich unterwegs bin und langsam Hunger bekomme. Ziel war dabei auch, den Stoffwechsel anzukurbeln und wirklich eine Woche lang so gut wie keine Kohlenhydrate zu essen, was für die langfristige Ernährungsumstellung wichtig war. Wäre ich nicht krankgeschrieben gewesen, hätte ich das vermutlich nicht eine ganze Woche lang geschafft. Gerade Ernährungsumstellungen stoßen viele Prozesse im Körper an, was sich gerne mal auf die Konzentration und auf das Nervenkostüm auswirkt. Nichts also, wenn man arbeiten muss.

Also bitte, denken Sie über die Rahmenbedingungen nach. Machen Sie es sich nicht unnötig schwer. Bei der Planung ist Ihre Cleverness gefragt: Aus so wenig Aufwand wie möglich so viel Nutzen wie möglich ziehen. Außer es gibt eine Option, die Sie so begeistert, dass Sie sagen: »Jawohl, ich kann es kaum erwarten genau DAS zu tun!«. Auch, das gibt's. Spaß ist übrigens immer das schlagende Argument. Alles was Ihnen gefällt, was Sie belustigt oder worauf Sie richtig neugierig sind, sollten Sie ungefiltert starten.

»

Der einzige Weg eine Versuchung loszuwerden, ist, ihr nachzugeben.

Oscar Wilde (1854–1900), irischer Schriftsteller

«

Hinterher, nachdem Sie etwas ausprobiert haben, kann immer noch herauskommen, dass es eine Schnapsidee war. Ich darf gar nicht daran denken, was ich im Laufe der Jahre so alles ausprobiert habe. Aber jeder Anlauf ist zumindest immer eine Anekdote wert. (Das ist übrigens auch ein schöner Nebeneffekt meiner Zehnder-Methode: Man hat immer was zu erzählen. Von versuchen und scheitern, von lernen und neuen Fragen, die sich entwickeln. Und was ist schon langweiliger, als ein Gegenüber, das nichts zu erzählen hat? Ich glaube, es wirkt von außen etwas abenteuerlich. Die häufigste Reaktion auf meine Geschichten ist, dass staunend anerkannt wird, dass ich so viel mache. Meine Antwort darauf ist aber ganz einfach: Ich habe eben keinen Fernseher. Das schenkt locker drei bis vier Stunden Zeit pro Tag, die ich für meine Experimente nutzen kann.)

Der Anfang

Ganz konkret: Um anzufangen braucht es einen freien Zeitpunkt im Kalender. Klar: keine Zeit, kein Veränderung. Also gilt es zu überlegen, auf was einmalig verzichtet werden kann. Und das finde ich persönlich immer recht entspannt: Nicht gleich in den Und-ab-sofort-mache-ich-jede-Woche-dieses-und-jenes-Modus zu gelangen, sondern entspannt zu entscheiden: Ja, diese Woche gehe ich am Mittwoch da und da hin, um mir mal ein Bild zu machen. Wie gesagt, die Lösung muss Sie überzeugen.

Dazu können Sie einmal alle sieben Tage der Woche durchgehen, und betrachten, wann Sie Zeit gewinnen können.

- Vormittags, mittags (Mittagspause?), nachmittags, abends, nachts?
- Was können Sie einfach verschieben, an jemanden delegieren, ausfallen lassen, beenden?
- Was müssen Sie erst erledigen oder abschließen, damit Zeit frei wird?
- Was muss vorbereitet werden?

Vielleicht gibt es auch Synergien, also Dinge, die zusammengefasst oder parallel gemacht werden können. Zwei Fliegen mit einer Klappe, sozusagen.

- Was liegt auf einem Ihrer üblichen Wege?
- Was lässt sich mit anderen Anlässen oder Verpflichtungen verbinden?
- Welche Tätigkeiten, Aktivitäten, Handlungen lassen sich miteinander verbinden?
- Was kann gleichzeitig gemacht werden?
- Welche Lösungsansätze, die jetzt angegangen werden sollen, ergänzen sich?
- Was kennen Sie schon von früher?

Opportunist sein oder nicht sein?

Ein Opportunist ist jemand, der sich zum eigenen Nutzen schnell und bedenkenlos einer gegebenen Situation anpasst. Er hadert nicht, seinen Nutzen zu ziehen. Er nutzt die Gunst der Stunde für sich selbst.

Die Gunst der Stunde nutzen, das heißt für uns konkret: Was ist jetzt, genau heute, genau zu diesem Zeitpunkt das Einfachste und den größten Nutzen Bringende?

Nach diesem Motto:

- Zu welchem Zeitpunkt besteht das geringste Risiko?
- Für was ist man lieber hundertprozentig alleine und unbeobachtet?
- Wann sind Personen oder andere Hilfen am besten verfügbar?
- Was kann man abwarten, das die Lösung vereinfacht oder beschleunigt? (Zum Beispiel ein Ereignis, eine Veränderung durch eine andere Person.)

Was fällt Ihnen noch dazu ein?

Exkurs: Merkregeln Projekte

Ein paar Merkregeln dazu, auf was man als Projektleiter achten muss:

Regel Nummer 1: *Das größte Risiko für ein Projekt ist der Projektleiter, der Chef. Also Sie selbst.*

Regel Nummer 2: *Planen Sie immer Puffer ein: fünfundzwanzig Prozent auf die Zeit, Geld, et cetera als Sie denken.*

Regel Nummer 3: *Drehen Sie sich im Kreis, sind die Teile noch zu groß.*

Regel Nummer 4: *Bewerte andere Menschen nach ihrem Verhalten und nicht danach, was sie sagen. Das spart viel Zeit und Ärger.*

Regel Nummer 5: *Stimmt das, was Sie sagen und das, was Sie tun, überein?*

Der Zeithorizont

Über welchen Zeithorizont sinnvoll konkrete Schritte geplant werden können, ist zugegebenermaßen ziemlich individuell. Es gibt Menschen, die können über ein Jahr hinweg planen und wissen sogar schon, was im darauffolgenden Jahr anstehen wird. Und es gibt Menschen, denen reicht es zu wissen, was in den kommenden drei Tagen ansteht. Nun, die erste Variante ist wohl eher ungewöhnlich für Veränderungsvorhaben, wie wir sie gerade betrachten. Sicherlich, wenn ich sportlich werden will und einen Marathonlauf zum Ziel habe, ist eine Planung auf einen langen Zeitraum wohl unerlässlich. Übrigens kann man von Marathonläufern im Speziellen und Läufern im Allgemeinen viel über Neuanfänge und Strategien für Umsetzungen lernen. Der Läufer läuft, um des Laufens willens. Er ist nie fertig. Er kommt nie an. Er läuft einfach.

Ein schlaues Zitat eines unbekannten Autors dazu:
»Wir erholen uns nicht im Laufe der Zeit, sondern in der Zeit, in der wir laufen.«

Nur drei Tage im Voraus einen grobe Ahnung davon zu haben, was ansteht, funktioniert jedoch sicher nicht, wenn wirklich neue Dinge ins Leben integriert werden sollen. Empfehlenswert ist meiner Erfahrung nach ein Zeitraum zwischen einer und vier Wochen. Alles darüber hinaus kann man zwar als die nächsten anstehenden Schritte zur Kenntnis nehmen und gerne in eine gleichnamige Liste ins schlaue Buch eintragen, sie jedoch präzise und verbindlich einzuplanen, halte ich aber für schwierig. Warum? Einfach deshalb, weil sich innerhalb von vier Wochen so viel ändern kann, dass alles neu bedacht werden muss. Oder so viele neue Erkenntnisse da sind, dass man die Zielrichtung ändern will. Das würde ich keinesfalls ignorieren wollen. Je flexibler Sie auf Änderungen der Bedingungen reagieren, desto weniger anstrengend wird es für Sie.

Die Umsetzung

Wie geht es jetzt aber weiter mit der Umsetzung? Also entweder, Sie suchen sich einfach die nächste Option aus, die Sie testen wollen, oder aber, Sie wiederholen die, die sie bereits gemacht haben. Das hängt ganz vom Ergebnis ab. Wenn Sie zufrieden sind, dann herzlichen Glückwunsch, Lösung gefunden. Wenn Sie nur zum Teil zufrieden sind oder noch nicht ganz überzeugt, dann machen Sie einfach weiter, indem Sie unter Berücksichtigung der neuen Erkenntnisse die nächste Option aus Ihrem Pool auswählen. Und testen. Manchmal mache ich einfach eine reine Testphase, um nicht gleich nach Versuch Nummer eins wieder nur einen kleinen Einblick erhalten zu haben, sondern mir einen umfangreichen Überblick über ein Thema und neue Ideen zu verschaffen. Das Gute dabei ist, dass es ja bisher keinerlei Zieltermin oder Beschränkung gibt, die Druck verursachen.

Genau genommen ist die Umsetzung jetzt so gut vorbereitet, sodass es kaum mehr Hemmnisse geben sollte, es einfach zu tun. Wenn doch, gehen Sie zurück auf Los und reflektieren Sie was das Zeug hält, was Sie übersehen haben könnten.

Exkurs: Spaß an der Freude

Muße und Zerstreuung, einfach etwas zu tun, weil man es kann. Weil es Spaß macht. Das fehlt oft, wenn man in einer Problemschleife sitzt. Einfach mal die Gedanken und die Aufmerksamkeit auf etwas anderes richten. Spaß haben. Alles Problematische läuft in der Regel nicht davon, auch wenn man sich mal einen halben Tag nicht damit herumärgert.

Das ist, was die Umsetzung angeht, ein wirklich guter Plan: schöne Dinge mit weniger schönen Dingen zu kombinieren. Also, wenn das Problem oder die Gesamtsituation zu drückend ist, und wirklich nichts mehr hilft, dann fehlen einfach die Leichtigkeit und der Frohsinn im Leben. Ich habe eine Faustregel für mich gefunden. In meinem schlauen Buch ist eine Seite mit Dingen, die ich uneingeschränkt mag. Die ich jederzeit einfach rasend gern mache. Nur zugegebenermaßen denke ich da selbst oft genug nicht dran, sie auch zu machen.

Aber kein Problem, denn es ist ja alles notiert. Wenn mich also die Summe der Themen oder der Schwierigkeiten überrollt und mir gerade eigentlich nichts im Leben oder auf der Welt gefallen will, fällt mir zumindest ein, dass es da eine Liste gibt. Also schlage ich die Seite auf und lese sie einfach durch. Oft erst einmal knarzig und widerwillig. Und siehe da: Irgendetwas spricht mich immer an. Denn es sind wirklich Dinge, die keinen Zweck erfüllen sollen auf der List. Nichts Vernünftiges, nichts Ernstes, nichts Schwieriges. Einfach Sachen, die mir Spaß und Freude machen.

By the way: Ich habe auch eine Playlist mit Liedern, die mir nur gute Laune machen. Dadurch, dass ich einen sehr starken Bezug zur Musik habe, funktioniert so was bei mir hervorragend. (Kurze Zwischenfrage: Was funktioniert denn bei Ihnen zu jeder Zeit und zu hundert Prozent?) Grundsätzlich gilt: An jedem Tag sollte man etwas Schönes für sich selbst machen und sei es, sich einfach eine halbe Stunde Couch zu gönnen, wenn einem danach ist. Ich stelle fest, dass ich immer, wenn sich die Gedanken und Probleme überschlagen, genau diese schönen Dinge für mich nicht mehr mache. Kein Wunder also, wenn irgendwann nichts mehr von einem übrig ist. Und man es nicht schafft, vorwärtszukommen.

Exkurs: Equipment

An dieser Stelle möchte ich einen Appell loswerden: kaufen Sie nichts! Auch wenn Sie zum Beispiel etliche rasend gute Ideen haben, was Sie sofort machen wollen, sollten Sie diese mindestens zwei Nächte reifen lassen, bevor Sie einkaufen gehen. »Was denn einkaufen?!«, wird sich der eine oder andere denken. Setzen Sie sich doch mal in Ihren Stadtpark und beobachten Sie die Läufer. (Wieder einmal die Läufer.) Die langsamsten und unförmigsten haben meistens die besten und neuesten Klamotten an. Um zu laufen, braucht es in erster Linie erst mal nur Schuhe und einen Trainingsplan. Eine komplette Ausrüstung ist wirklich saumäßig teuer und landet bei Frust direkt im hintersten Winkel des Kleiderschranks. Deshalb: Erst einkaufen gehen, wenn Sie einen – für dieses Beispiel sprichwörtlichen – Testlauf gemacht haben und sich sicher sind, dass sich der Einsatz auch lohnen wird. Und nicht zu vergessen ist der Aspekt Belohnung: Wenn Sie zum Beispiel mit dem Laufen beginnen und sich nach und nach zur Belohnung besseres Equipment besorgen, ist das ein sehr schöner Motivator.

Das Reflektieren

Es geht ja nun darum, Erfahrungen zu sammeln. Aber das kann auch bedeuten, dass ein Versuch oder eine Idee doch durch das Raster fällt. Der Versuch hat sich aber alleine dann schon gelohnt, wenn man beispielsweise währenddessen jemanden kennengelernt hat. Jemanden, dem man den Grund des Versuchs darlegen konnte, von dem man lernen konnte, Informationen bekam, neue Ansätze, neue Ideen und neue Impulse erfahren hat. Und dadurch schließt sich der Kreis. Alle neuen Informationen, Bekanntschaften, Erfahrungen fließen automatisch in die vorher gewonnenen Erkenntnisse ein. Was haben Sie beim Ausprobieren Neues über sich selbst gelernt? Vielleicht haben Sie sich bei der ersten Einschätzung in einem Punkt geirrt? Haben Sie eine neue Option gefunden? Was ist das Ergebnis des Versuchs – ist die getestete Option für gut oder für schlecht befunden? Welchen Aspekt oder besser noch welche Aspekte löst die Option, die Sie ausprobiert haben, für Sie?

Vielleicht ist die Erfahrung auch erst einmal gar nicht einzuordnen. Sie kann anstrengend, albern, lächerlich, überraschend, angenehm, erleichternd sein. Egal, die Hauptsache ist, der Anfang ist gemacht. Aus jedem Versuch oder Anlauf kann man etwas ziehen. Immer. Im Zweifelsfall eine Anekdote für die nächste Party. Interessant dabei ist, dass man oftmals einen deutlichen Unterschied erkennt, was man dachte, wie etwas ist (Theorie) und wie etwas tatsächlich ist (Praxis). Etwas in die Tat umzusetzen, verursacht jede Menge Emotionen. Aufregung, Überwindung, Angst, Mut, Freude. Es macht neugierig und lenkt von den üblichen Gedanken ab – nur eben im positivsten Sinne.

Eines ist klar: Auch wenn der Versuch noch nicht die finale Lösung des Problems ist, so ist zumindest nur ein bisschen Zeit flöten gegangen, aber eben auch der erste Schritt gemacht. Und ganz bestimmt hat man irgendetwas dazu gelernt. Learning by doing.

»

Versuch macht klug.

Sprichwort

«

Wenn etwas dazwischen kommt

Eines ist sicher: Es wird nicht immer nach Plan verlaufen. Was dazwischen kommen kann, das kommt dazwischen. So ist das eben im Leben. Was bedeutet es aber in Bezug auf den Masterplan? Er muss unter Berücksichtigung der neuen Umstände oder Unterbrechungen neu überdacht werden. Dazu braucht es eine pragmatische Bewertung und erneute Entscheidung angesichts der neuen Situation.

Welche Alternativen sind in der Hinterhand, die ich kurzfristig statt der ursprünglich geplanten Maßnahme machen will? Jetzt zahlt es sich aus, dass eingangs sehr viele Möglichkeiten bedacht wurden, die jetzt einfach aufgegriffen werden können, um das Veränderungsprojekt nicht stoppen oder aussetzen zu müssen. Der Plan wird einfach geändert, es geht eben mit anderen Handlungen weiter als ursprünglich gedacht. Kein Beinbruch.

Vielleicht ändert sich aber auch nur eine Reihenfolge und es muss keine Alternative greifen. Was kann ich jetzt im Augenblick überhaupt machen und was ist sinnvoll, wegen der Störung nach hinten verlagert zu werden, weil sich Rahmenbedingungen verändert haben? Das heißt, möglicherweise können bestimmte Dinge, auf die man sich schon gefreut hat oder von denen man sich einen besonderen Effekt erhofft hat, nicht zu dem Zeitpunkt gemacht werden, wie gedacht. Das ist schade, aber es läuft auch sicher nicht davon. Alles was gemacht werden soll, ist notiert und damit sozusagen unvergesslich. Es ist immer besser, pragmatisch einen Schritt zunächst sein zu lassen, anstatt ihn gegen alle Widerstände auf Biegen und Brechen durchzusetzen. Und das bezieht sich auch auf eine Pause. Der wohl schönste Aspekt eines persönlichen Projektes. Einfach pausieren zu können, wenn zu viel anderes dazwischen kommt. Ein großer Vorteil an der Zehnder-Methode ist der, dass selbst in Pausenphasen weiter an den Themen gearbeitet wird – ob Sie wollen oder nicht. Denn die Fragen, die Sie persönlich beschäftigt haben, als wir eingangs die Situation, Sie selbst und die verschiedenen Lösungsmöglichkeiten analysiert haben, werden Sie auch beschäftigen, wenn Sie nicht direkt an der Veränderung weiter arbeiten. Alles, was Sie brauchen ist Ihr schlaues Buch, in dem Sie neue Antworten, neue Ansichten notieren. So können Sie bewusst entscheiden: okay, alles auf Anfang. Ich setze aus und starte nach der Pause wieder durch. Kein Problem. Ihr Projekt, Ihre Entscheidungen.

Neben äußeren Störfaktoren könnte aber auch ein Spezialfall eintreten. Stellen Sie sich vor, Sie starten damit, einen bestimmten Testlauf vorzubereiten und stellen fest: »Ne, das will ich nicht – aber ich müsste eigentlich ...«. So lange Sie sich noch nicht klar dazu entschieden haben, etwas wirklich tun zu wollen, lassen Sie es bleiben. Die Notiz, der Eintrag steht in Ihrem Buch und geht nicht verloren. Schreiben Sie die unsicheren Optionen vielleicht auf eine separate Seite, die Sie sich öfters zwischendurch einmal anschauen, und reflektieren, wie es um Ihren Entschluss inzwischen steht.

Irgendetwas steht im Weg

Vielleicht haben Sie bemerkt, dass das, was Sie aufhält, nichts ist, was mit Organisation oder Priorisierungen oder sonstigem Rationalen zu tun hat. Es steht Ihnen viel mehr etwas im Weg, das ein Gefühl ist, eine Überzeugung. Eine Erinnerung oder eine frühere Erfahrung. Stellen Sie sich dann einmal die Frage: Was müsste sich im Einzelnen ändern, damit Sie nicht mehr daran gehindert werden zu handeln?

Die 2. Runde

Es wird der Zeitpunkt kommen, an dem die ersten, leichteren Wege gegangen sind und damit Erkenntnisse und sicherlich auch Teilerfolge da sind, aber immer noch nicht der große Coup gelandet ist. Sie gehen in die nächste Runde und stellen fest, dass die nächsten Optionen, die auf dem Plan stehen, zu denen gehören, die eher den inneren Widerstand auslösen.

Gedanken, wie etwa »Auf gar keinen Fall« oder Ähnliche könnten aufkommen.

Nun braucht es eine kurze Pause, um zu reflektieren. Stellen Sie sich bitte die folgenden Fragen:

- Was genau stört mich daran?
- Weiche ich aus oder geht mir die Lösung wirklich gegen meine Prinzipien?
- Sind meine Prinzipien noch aktuell?
- Ist mir die Lösung zu teuer? (Zeit, Geld, Aufwand, ...)
- Was ist mir das Ergebnis wert?

Seien Sie kritisch mit sich selbst, damit Sie sich auch jetzt nicht von den gelernten Rastern Ihres Gehirns in die Irre führen lassen (Stichwort: Vorurteile). Letzten Endes haben Sie allein die Entscheidungshoheit. Und Sie allein tragen die Konsequenzen Ihres Handelns oder nicht Handelns. Die Eigenverantwortung ist jetzt besonders gefragt. Wie so oft im Leben.

Zudem empfehle ich an diesem Punkt noch einmal getrost zurück zu blicken und die Generierung von neuen Ideen und Optionen noch einmal aufzugreifen. Der Schritt wird jetzt viel leichter und weniger aufwendig sein als beim ersten Mal. Weil Sie sich und Ihr Thema aufgrund des gewonnen Wissens wesentlich besser kennen und realistischer einschätzen können. Sie sind ein Experte für Ihr Thema geworden. Nutzen Sie die neue Expertise und lernen Sie weiter.

»

Jeder ist seines Glückes Schmied.

Appius Claudius Caecus (um 340–273 vor Christus),
Politiker und Staatsmann der mittleren Römischen Republik

«

5.

Das Thema – Extended

Manchmal glaubt man zu wissen, was man verändern oder abschaffen muss – und stellt hinterher fest, dass es die falsche Maßnahme war. Das eigentliche Thema herauszufinden ist der Knackpunkt bei nachhaltigen Veränderungen. Oftmals sind es die Dinge, die im Alltag am meisten Schmerz verursachen, die wir dann als problematisch wahrnehmen. Bei genauerer Betrachtung aber sind die einzelnen Bereiche des Lebens nicht wirklich isoliert voneinander, sondern hängen zusammen.

Die Lebensbereiche unterteilen sich in die Kategorien:

- Job und Karriere
- Beziehungen
- Lebensstil
- Sexualität
- Quality Time für Muße und Zerstreuung

Wie gut oder schlecht einzelne oder Teile dieser Kategorien gelebt werden, ist maßgeblich für das persönliche Glück und Zufriedenheit. Alle diese Lebensbereiche haben direkt Einfluss darauf, wie es mir geht. Die Lebensbereiche beeinflussen sich zudem gegenseitig. Wie gut oder schlecht zum Beispiel der Bereich »Beziehungen« läuft, hat direkten Einfluss auch auf den Lebensstil, Job und Karriere, Sexualität, Quality Time. Und ich selbst wiederum beeinflusse, wie die Lebensbereiche gestaltet sind. So ergibt sich ein Wechselspiel, das durchaus unübersichtlich werden kann. Gleichzeitig aber bedeutet das, dass durch hohe Zufriedenheit in einem Lebensbereich auch ein positiver Effekt auf die anderen ausstrahlt.

Bei dem Versuch herauszufinden, wo es hakt, ist eines auf jeden Fall hilfreich: zu wissen, welche Lebensbereiche oder welche Teile davon schon passen. Sich das gezielt vor Augen zu führen macht es leichter, etwas Unpassendes oder Schwieriges einfach wegzulassen. Je mehr man loslässt, desto einfacher wird die Lage.

»

Wer loslässt, hat zwei Hände frei.

Master Han Shan (*1951), buddhistischer Mönch und Ex-Manager

«

Wenn Sie das Gefühl haben, Sie müssen etwas verändern, dann fehlt Ihnen etwas. Es gibt eine Lücke in Ihren Lebensbereichen, die eine Leere entstehen lässt. Und vielleicht tun Sie bereits Dinge, um diese Lücken zu schließen und sich vollständig zu fühlen. Häufig ist es das Konsum- oder Machtverhalten, das dann kurzfristig Befriedigung verschaffen soll.

In den nächsten Abschnitten haben Sie die Möglichkeit, die folgenden Bereiche Ihres Lebens zu durchleuchten:

- Was passt bereits?
- Was fehlt noch?
- Was ist zu viel des Guten?
- Auf was kann ganz einfach verzichtet werden?

Finden Sie heraus, was genau Sie verändern wollen. Oder, was Sie noch brauchen, um die Veränderung durchziehen zu können.

Zehn Fragen, zehn Punkte

In jedem Abschnitt finden Sie einen Teil »Zehn Fragen, zehn Punkte«, in dem ich Rückfragen zur Gestaltung des jeweiligen Lebensbereichs stelle. Beantworten Sie die Fragen im Stil von »Wie zufrieden sind Sie mit …« durch Punkte auf einer Skala von 0 bis 10, dabei steht 0 für »völlig unzufrieden«, 10 für »ganz und gar zufrieden«.

Bei einigen Abschnitten ist die Beantwortung zweistufig: Zunächst beantworten Sie sich die Fragen, anschließend beurteilen Sie wieder, wie zufrieden Sie auf einer Skala von 0 bis 10 mit der jeweiligen Antwort sind. Das Schema der Skalierung bleibt gleich: 0 steht für »völlig unzufrieden«, 10 für »ganz und gar zufrieden«.

Wenn Sie möchten, modifizieren Sie die Fragestellungen nach Ihrer persönlichen Situation. Das zeigt lediglich, dass es einen wesentlichen Punkt gibt, der Ihnen besonders wichtig ist und der unbedingt genannt werden muss. Behalten Sie aber bei, dass Sie zehn Fragen und nicht mehr oder weniger beantworten, damit die Auswertung stimmig bleibt.

Die Auswertung

Bei den Fragen mit 0 bis 4 Punkten: Hier gibt es dringenden Handlungsbedarf.
Bei den Fragen mit 5 bis 7 Punkten: Hier ist es Ihre eigene Ermessenssache, ob Sie schon handeln, oder noch beobachten wollen.
Bei den Fragen mit 8 bis 10 Punkten: grüner Bereich, alles im Lot. Sie können sich entspannt zurücklehnen.

Wenn Sie von einem Ergebnis besonders überrascht sind oder es Sie stutzig macht, überlegen Sie sich Folgendes:

- Welche Argumente sprechen für die Punkte, die Sie vergeben haben? (Linker Abschnitt der Skala)
- Welche Argumente sprechen für die Punkte, die Sie nicht gegeben haben? (Rechter Abschnitt der Skala)
- Was müsste passieren, damit Sie dem Ganzen mehr Punkte geben würden?

Bilden Sie die Summe Ihrer Punkte. Wo stehen Sie? Liegt die Summe unter 50 Punkten, sollten Sie den Lebensbereich dringend überdenken. Am einfachsten gehen Sie die einzelnen Fragestellungen durch.

Job und Karriere

Arbeiten ist ein zentraler Punkt im Leben. Wozu arbeiten Sie? Die einen verdienen Geld, um sich Ihre Freizeit frei zu gestalten, den Lebensunterhalt zu bestreiten, die anderen sehen Sinn und Erfüllung im Arbeiten. Wieder andere suchen eine Arbeit. Die meisten von uns verbringen den Großteil ihres Lebens mit dem Thema Job und Karriere - doch die Berufswahl, die Schulbildung, der Werdegang sind oft nicht von ihnen selbst bestimmt. Abhängigkeiten, sozialer Status oder einfach Fehlentscheidungen stehen einem erfüllten Berufsleben gerne mal im Weg. Egal, ob in Festanstellung oder als Selbstständiger.

Beispiel:
Ich wäre beinahe Krankenschwester geworden wie meine Mutter. Meine Eltern waren anfangs nahezu entsetzt über meine Entscheidung, Informatik zu studieren. Was sie im Übrigen erst erfuhren, nachdem ich bereits vier Wochen eingeschrieben war.

Wissen

Arbeit hat einen enormen Stellenwert in unserer Gesellschaft. Sie schafft Anerkennung, vielleicht sogar Wohlstand, aber vor allem: Identität. Ich bin dieses, ich bin jenes - von Beruf. Klar, nicht nur der hohe Anteil unserer Zeit, den Arbeit einnimmt, auch alle weiteren Grundbedürfnisse werden durch den Job und die Karriere erfüllt. Sie ist die Grundlage für unseren Lebensunterhalt, sodass wir unsere Existenz erhalten können, uns Essen kaufen können und dafür sorgen, dass wir in einer Umgebung leben können, die sicher ist für Leib und Leben. Wir gehören automatisch bestimmten Menschen zu: einer Berufsgruppe, einem Unternehmen, einem Team, einer Abteilung. Und wir ernten Lob und Anerkennung für das, was wir tun oder wie wir uns einsetzen. Wir fühlen uns gebraucht und finden Erfüllung. Wir sind stolz, auf das, was wir geleistet oder auf den Job den wir haben. Wenigstens eine Zeit lang. Doch was, wenn man persönlich alles erreicht hat und alles Materielle hat, was man braucht? Was, wenn die Karrierestufe längst erreicht ist, die man sich erwünscht hat? Spätestens dann kommt es zum Umbruch. Alles, was man über Job und Karriere im Kopf hat, spielt plötzlich keine Rolle mehr. Der Antrieb geht flöten. Man fällt in ein Loch. Heutzutage kann das schon sehr früh im Leben sein. Man denke nur an all die Start ups und die erfolgreichen Gründer, die dahinter stehen.

Manche Menschen schalten in einen »Beamtenmodus« um und ecken damit früher oder später bei denjenigen an, die noch voll im Aufwärtstrieb sind. Dieser Modus entspricht allerdings nicht unbedingt jedermann/-frau. Aber was ist die Alternative zum Durchbeißen oder zur Gründung des nächsten Unternehmens?

Genauso wie alles andere im Leben, darf sich auch der Beruf entwickeln. Und zwar sowohl im Laufe der klassischen Karriere als auch, wenn einfach alles erreicht ist. In beiden Fällen ist wichtig, offen dafür zu sein, den Job selbst zu gestalten, soweit es möglich ist.

Den Job zu regulieren und den eigenen Bedürfnissen anzupassen, kann auf verschiedenen Ebenen passieren: in Bezug auf den Inhalt, die Position, den Arbeitsmodus, das Arbeitsverhältnis, das Unternehmen, die Organisationseinheit.

Nicht jeder hat den Beruf gewählt, der für ihn passt. Traditionen in der Familie oder Erwartungen von anderen beeinflussen gerade die Berufswahl stark. Doch auch, wenn der Beruf selbst gewählt ist, sind vierzig oder mehr Berufsjahre eine sehr lange Zeitspanne in der man sich verändert.

Im Grunde sind alle Variablen für die anfängliche Gestaltung der Berufskarriere immer wieder genau die Stellschrauben, die gedreht werden können, um etwas zu verändern. Man muss sich nur darauf besinnen. Und sich einen Plan machen.

Ein neuer Inhalt könnte ein angrenzendes oder ein anderes Fachgebiet sein. Manchmal genügt es auch, sich auf bestimmte Tätigkeiten innerhalb des Fachgebiets, die einem besonders liegen, zu spezialisieren. Viele Vorgesetzte stehen dem aufgeschlossen gegenüber, wenn Vorschläge direkt von den Mitarbeitern kommen. Eine gute Führungskraft weiß: Je besser die eigenen Interessen den Aufgaben entsprechen, desto besser ist das Ergebnis.

Die Position zu verändern, ist da schon etwas schwieriger. Es ist ausgesprochen ungewöhnlich, dass sich jemand von sich aus entscheidet, zum Beispiel eine Führungsposition aufzugeben und in eine weniger verantwortungsvolle Position zu wechseln. Doch liegt hier oft der Hund begraben. Meistens werden leitende Positionen eingenommen, weil es die einzige Möglichkeit ist, im Unternehmen Karriere zu machen, sprich: mehr Geld zu verdienen. Aber Führen ist ein anderer Job als operatives Arbeiten. Und so gibt es viele brillante Macher, die als schlechte oder unzufriedene Führungskräfte vor sich hinarbeiten. Oder sogar gnadenlos überfordert sind. Jeder Arbeitstag ist ein Spießrutenlauf. Das muss man sich erst einmal eingestehen: Ich bin zu weit gekommen. Die Erwartungen von Familie und Freunden ist häufig, dass die höchstmögliche Position erreicht und bis zum Ende des Arbeitslebens gehalten wird. Oder zumindest denkt man das, ohne es wirklich hinterfragt zu haben.

Der etwas einfachere Weg ist die Veränderung des Arbeitsmodus. Was, wenn Sie nur noch achtzig Prozent arbeiten? Es lohnt sich, das einmal auszurechnen, denn finanziell macht es kaum einen Unterschied. Aber einen Tag mehr in der Woche für sich zu haben, kann die Motivation für die Arbeit enorm steigern. Es schafft Platz, auch zum Bespiel, um sich weiterzubilden. Weiterbildungen werden oft nicht gemacht, weil sie on the top zur täglichen Arbeit dazu kommen. Und das ist für viele organisatorisch oder logistisch kaum machbar. Neues zu lernen ist aber auch wieder Motivation und bringt alle, Unternehmen wie Mitarbeiter, gleichermaßen weiter.

Auch die Art des Anstellungsverhältnisses spielt eine wesentliche Rolle, wie erfüllend der Job ist. Nicht jeder ist der perfekte Angestellte. Nicht jeder ist der perfekte Selbstständige. Selbstständigkeit ist ein großer Segen für Menschen, die gerne eigenverantwortlich arbeiten und damit gut zurechtkommen, keinerlei Rahmen zu haben. Denn den Rahmen für ihre Arbeit legen Sie selbst fest. Jeden Tag aufs Neue muss sich ein Selbstständiger mit neuen Ideen, mit den Mitarbeitern, mit Vertrieb und auch Reklamationen oder Beschwerden beschäftigen. Er braucht für alle Bereiche seines Unternehmens wenigstens grundlegendes Know-how und kompetente Unterstützung für die brenzligen Themen. Einer der grundlegenden Fehler dabei, sich selbstständig zu machen, ist übrigens, sich für sein Unternehmen kein Organigramm zu erstellen. Es muss klar sein, wie Buchhaltung, Marketing, Vertrieb, Steuerangelegenheiten, Rechnungslegung, Kundenbetreuung, Forschung und Entwicklung für neue Ideen und natürlich noch die eigentliche Dienstleistung gestemmt werden. Auch wenn man nur als Einzelunternehmer oder Freiberufler tätig ist, sind alle diese Dinge zu tun. Und zwar professionell, sonst kommt nichts Gutes dabei heraus. Auch als Selbstständiger kann man durchaus zurück in ein Anstellungsverhältnis. Als Angestellter kann man durchaus raus in die Selbstständigkeit.

Der etwas moderatere Weg kann sein, einfach das Unternehmen zu wechseln. Es spielt für die Art der Tätigkeit eine große Rolle, wie groß oder klein das Unternehmen ist oder ob es in seinen Anfängen steht beziehungsweise lange etabliert ist. So kann eine Position gehalten werden, aber die Arbeit komplett verändert werden.

Zufriedenheit im Job hängt sehr stark von dem Druck und der Art der Belastung ab. Und zwar in beiden Richtungen. Überlastung ist ein häufiges Phänomen, aber Unterforderung wird inzwischen auch immer mehr thematisiert. Der Druck und die Auslastung bei der Arbeit haben Einfluss auf die restlichen Lebensbereiche. Sie geben auch privat den Takt vor und bestimmen manchmal das komplette Familienleben. Der Familienzeitplan richtet sich nach den Arbeitszeiten, die Stimmung zu Hause ist geprägt, wenn es Schwierigkeiten gibt. Oder wenn die Meinungen auseinander gehen, wer wann, wie viel, wo oder an welchen Wochentagen arbeitet.

Jemand, der es gewohnt ist, immer zweihundert Prozent Leistung zu erbringen, ist mit einhundertfünfzig Prozent schon unausgelastet. »Ich mache ja schon weniger, aber es geht mir deswegen noch nicht besser«, höre ich oft von Unternehmensberatern, die meistens ein unfassbares Arbeitsvolumen stemmen. Aber es kommt immer auf die Perspektive an. Ein »weniger« ist manchmal nicht wenig genug, ein »etwas mehr« nicht genug.

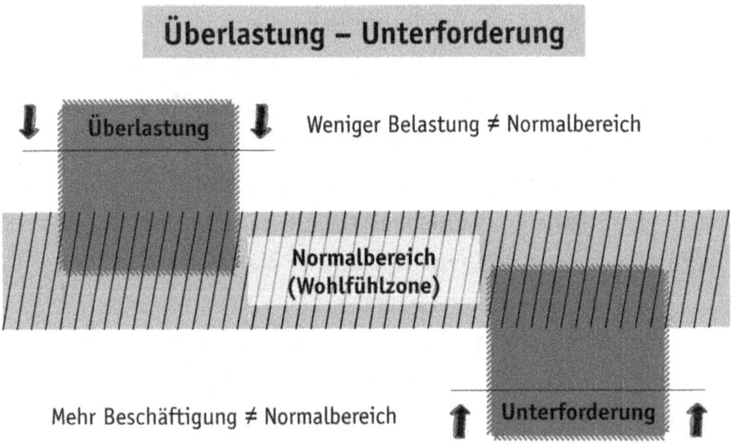

Viel zu arbeiten kann sehr erfüllend sein. Das Maß dafür, ob es zu viel ist, bestimmen die anderen Lebensbereiche. Wenn einer der Bereiche verkümmert oder ganz fehlt, sind Probleme vorprogrammiert. Im besten Fall sind Hochphasen erkennbar, in denen viel geleistet wird und Tiefphasen, in denen eben die Kräfte für neue Projekte mobilisiert werden können.

Letzten Endes kommt es jedoch immer auf das Ergebnis an. Was wir schaffen, was wir erreichen, ob sich Fleiß auszahlt. In Form der Qualität oder Quantität des Ergebnisses und auch in Form von Lob und Anerkennung des Arbeitsresultates. Dies sind die ultimativen Kriterien für ein erfülltes Arbeitsleben. Dabei spielt die Bezahlung, die wir erhalten, nicht unbedingt die Hauptrolle. Wenn Mitarbeiter kündigen wollen und sie mehr Gehalt angeboten bekommen, wenn sie dafür im Unternehmen bleiben, dann hält dieser Motivator maximal vier Monate. Spätestens dann ist der Frust genauso hoch wie zuvor. Die Arbeitsbedingungen und eben vor allem die Ergebnisse, die möglich sind, sind deutlich höher bewertet. Die derzeitigen Diskussionen zum Thema bedingungsloses Grundeinkommen entspringen genau dieser These: Der Mensch arbeitet nicht des Geldes wegen. Ein bedingungsloses Grundeinkommen wäre ein existenzsichernder Geldbetrag, den der Staat an jeden seiner Bürger in gleicher Höhe auszahlt, ohne dass dieser in einer Notlage ist. Es könnte viele sozialpolitische Probleme auf einmal lösen. Jeder Mensch könnte in dem Beruf und in dem Umfang arbeiten, wie es für ihn persönlich am geeignetsten wäre. So würden Arbeitslosigkeit, Gewalt, job- oder stressbedingte Krankheiten und viele andere soziale Probleme verschwindend gering. Und auch die Bürokratie. Aber lassen wir hierzu die Politik noch ein paar Rechenbeispiele ausarbeiten und betrachten derweil das Thema »Eigenverantwortung im Beruf«.

Das Maß an Eigenverantwortung, über das ein Mitarbeiter verfügt, sollte immer der Persönlichkeit entsprechen. Die meisten von uns mögen es recht gerne, einen eigenen Entscheidungsspielraum zu haben und Verantwortung zu übernehmen. Die Wertschätzung, die dadurch entsteht schafft Bindung. Bindung im Team, Bindung zum Unternehmen. Wer Verantwortung trägt, der ist jemand. Egal, welche Position er innehat. Übrigens, falls Sie selbstständig oder in einer führenden Position sind: Ein Mitarbeiter kündigt immer seinem Chef. Nichts anderes ist so ausschlaggebend wie die Person des Vorgesetzten.

Studenten scheitern oft an dem hohen Maß an Eigenverantwortung und brechen ab. Es dauert tatsächlich ein bis zwei Semester, bis ins Letzte verstanden ist, wie Studieren funktioniert. Keine Anwesenheitspflicht (zumindest überwiegend), keine Kontrollen (außer Prüfungen und Hausarbeiten am Semesterende) und kaum regelmäßige Aufgabenstellungen für zu Hause. Die Vorlesungen sind noch nicht einmal immer von den gleichen Mitstudenten besucht. Diese Eigenverantwortung zu tragen ist eine riesige Aufgabe für einen bis dato Schüler. Studenten, die vorher schon in einem Job waren oder eine Ausbildung nach dem Abitur gemacht haben, tun sich da leichter. Bei der Wahl des Studienganges ist es daher umso wichtiger, dass überwiegend nach persönlichem Interesse entschieden wird. Sonst wird das Studium zur Qual. Und zwar im Gegensatz zur Schule nicht nur eine inhaltliche, sondern auch organisatorische Qual.

Egal wie, wenn der Beruf auch gleichzeitig Berufung ist, spielen viele der genannten Faktoren keine Rolle. Die Leidenschaft und die Passion, mit der eine Tätigkeit ausgeübt wird, schafft das höchste Maß an Zufriedenheit. Die Anzahl der Stunden, die Entfernungen, die zurückgelegt werden müssen, all das spielt dann keine oder nur eine untergeordnete Rolle. Denn: Stress muss nicht immer negativ sein. Wer voller Antrieb und Dynamik dabei ist, der sollte unbedingt genauso weitermachen. Aber durchaus auch einmal innehalten und sich über das Erreichte freuen. Und wertschätzen, dass er oder sie zu den Glücklichen gehört, der oder die es geschafft hat, eine Berufung zum Beruf zu machen.

Zehn Fragen, zehn Punkte

Auf einer Skala von 0 bis 10, wobei 0 für »völlig unzufrieden«, 10 für »ganz und gar zufrieden« steht, wie zufrieden sind Sie mit:

1. Ihrem Gehalt?
2. Ihrer Arbeitszeit?
3. Den fachlichen Inhalten, die Sie bearbeiten?
4. Den Arbeitsergebnissen, die Sie erzielen?
5. Dem Arbeitspensum, das Sie haben?
6. Der Verantwortung, die Sie tragen?
7. Dem Arbeitsweg?
8. Dem Arbeitsort?
9. Den Arbeitsmitteln?
10. Dem Arbeitsmodus? (Voll- oder Teilzeit)

Fazit Job und Karriere

- Was im Job und in der Karriere passt bereits?
- Was fehlt noch, um Job und Karriere zufriedenstellend zu gestalten?
- Wovon zeigen Sie zu viel des Guten oder wo missbrauchen Sie vielleicht sogar Ihre Position?
- Auf was können Sie in Zukunft beruflich getrost verzichten?

Beziehungen

Wie wir unsere Beziehungen gestalten, entscheidet maßgeblich darüber, wie zufrieden und glücklich wir sind. Der Mensch ist ein Rudeltier und die Interaktion mit Menschen ist uns ein zentrales Bedürfnis. Wenn die Art, wie Sie Beziehungen leben, gesund ist, stehen Sie schon auf einem sehr breiten Fundament. Dummerweise ist aber gerade dieses Fundament durch Erziehung, negative Erfahrungen oder schlechte Vorbilder nicht selten ziemlich verkorkst. Welche Beziehungen haben Sie? Wie gestalten Sie die Beziehung zu anderen? Wie zu Ihrer Partnerin oder Ihrem Partner? Wie steht es um die Beziehung zu sich selbst? Sind Sie authentisch?

»Wer sich selbst nicht mag, will auch nicht so sein wie er ist.«

Wissen

Beziehungen haben Sinn und Zweck: sie vermitteln Zugehörigkeit, verschaffen uns Anerkennung und wir sind nicht allein. Nicht alleine, das heißt auch, dass ich nicht selbst alles haben oder können muss, weil es in meinem Umfeld jemanden gibt, der es hat oder kann. Und der umgekehrt etwas von mir braucht. In gewisser Weise ist eine Beziehung immer auch wie ein Handelsgeschäft. Und ein Geschäft ist immer dann gut, wenn alle etwas davon haben. Beziehungen verschaffen uns ein Zugehörigkeitsgefühl zu anderen Menschen und befriedigen daher ungemein unseren Rudeltrieb. Und sie bieten uns Schutz. Wenn ich aus irgendwelchen Gründen schwach bin, kann mir jemand helfen. Ich bin nicht allein und jemand unterstützt mich. Durch eine gute Beziehung und dem daraus resultierenden guten Geschäft erhalten wir Anerkennung von außen und Selbstbestätigung. Beziehungen sind außerdem das Mittel schlechthin zum persönlichen Glück.

Mit Beziehungen sind alle Arten von Beziehungen gemeint: natürlich Liebesbeziehungen, Partnerschaften, Freundschaften, kollegiale Beziehungen, Geschäftsbeziehungen, Beziehungen innerhalb einer Familie, die Beziehung zu sich selbst und so weiter. Meistens konzentrieren wir uns aber bei dem Schlagwort »Beziehung« vor allem auf Liebesbeziehungen. Sie sind auch immer ein ganz gutes Spiegelbild für die Art der Beziehungsgestaltung im Allgemeinen, da sie meistens einen recht großen Teil im Leben einnehmen.

Die Liebe als Voraussetzung einer partnerschaftlichen Beziehung ist übrigens eine recht neue Erfindung. Noch meine Großeltern waren in der Verpflichtung oder Tradition, eine Ehe einzugehen. Dass romantische Liebe eine Voraussetzung und gleichzeitig Kriterium für den Fortbestand einer Beziehung ist, das gibt es noch nicht so lange. Daher sind wir alle auch noch eher Pioniere, die Strategien entwerfen müssen, wie Liebe und vor allem romantische Liebe über viele Jahre fortbestehen kann.

Der weiße Fleck auf unserer Beziehungslandkarte ist nicht selten der andere, also der Beziehungspartner. Er ist unkalkulierbar. Wir können nie ganz wissen, welche Vorgeschichte jemand im Gepäck hat, welche Leichen im Keller. Oder welche Angewohnheiten und Verhaltensweisen da sind, die wir einfach noch nicht kennengelernt haben. Die aber sichtbar werden, wenn es zu Situationen kommt, die diese triggern. Und dann stehen wir dumm da und sind wörtlich ent-täuscht. Ein herrliches Wort. Denn das ist es was uns umhaut: dass wir uns getäuscht fühlen. Jedoch ist diese neu aufgetauchte Eigenschaft möglicherweise schon seit langem schlummernd da gewesen. Diese Erfahrung zu machen, macht vorsichtig. Enttäuschung ist wie einer Illusion aufgesessen zu sein. Einem Trick. Und das verbinden wir mit Absicht, Absicht verbinden wir mit Niedertracht. Doch niemand weiß, ob der andere tatsächlich aus so niederen Motiven gehandelt hat. Die subjektive Perspektive ist einfach sehr unterschiedlich.

Tricky ist nämlich, dass die Beziehungen zueinander nicht gleichmäßig sind. Die Beziehung, die eine Person A zur Person B hat ist nicht identisch mit der Beziehung die Person B zu Person A hat. Um Längen komplizierter wird's, wenn auch noch eine dritte Person C dazu kommt. Denn jetzt sind es schon drei ungleiche Beziehungen zueinander. Das ist hervorragender Nährboden für Missverständnisse. Und für die bereits geschilderte Enttäuschung, wenn man sich in jedem der beiden anderen täuscht und sie sich auch noch verbrüdern. Weil die Erwartungen aneinander dadurch mögli-

»

Der beste Weg herauszufinden, ob man jemandem vertrauen kann, ist ihm zu vertrauen.

Ernest Hemingway (1899–1961), Schriftsteller

«

cherweise unterschiedlich sind. Das ist wohl auch der nächste Aspekt beim Ausmaß des weißen Flecks auf der Beziehungslandkarte: Was erwartet der andere von mir? Was erwarte ich vom anderen? Hätte, könnte, sollte, würde ... Diese Begriffe sind ein Indiz für ein missglücktes Erwartungsmanagement. Und der Klassiker dazu: »Hättest du halt was gesagt!« Haben Sie sicherlich schon einmal gehört. In jeder Art von Beziehung halte ich das für das allerwichtigste: Herauszufinden, was wir voneinander erwarten können und was nicht. Das mindert die Enttäuschungsfrequenz.

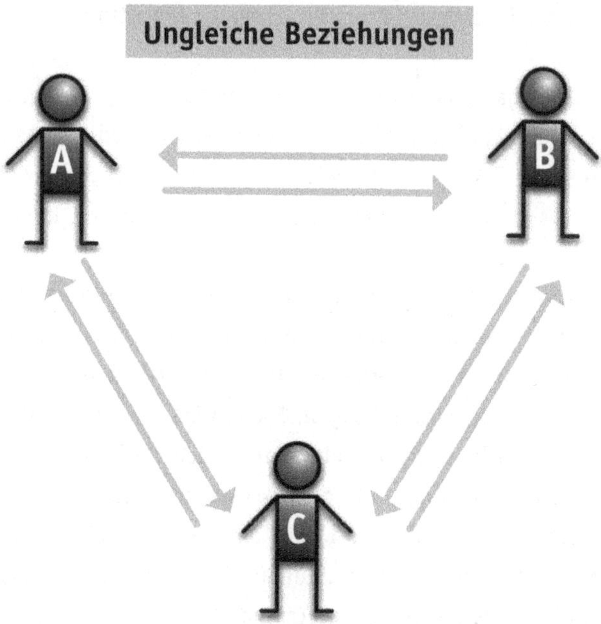

Jeder Mensch vereint in sich verschiedene Rollen. In welcher Rolle ich mich gerade befinde, wirkt sich stark auf die Rhetorik, auf die Körpersprache und insgesamt auf die gesamte Haltung in der Kommunikation aus. Das kennen Sie bestimmt, wenn Ihre Partnerin nach einem anstrengenden Tag nach Hause kommt, Sie begrüßen sie liebevoll in der Rolle »geliebte Frau«

und zur Antwort bekommen Sie die Abwehr der toughen Unternehmerin. Also auch die Rollen, die wir innehaben und in welcher wir uns gerade befinden, haben einen nicht unerheblichen Effekt auf unsere Beziehungen. Das Gegenbeispiel wäre der Kollege, der Ihnen jeden Tag im Detail von seinen privaten Problemen erzählt. Es hängt ganz von Ihrer Beziehung zueinander ab, ob das angemessen ist oder nicht. Sind Sie beide in der Rolle Freund unterwegs, ist alles gut. Ist einer in der Rolle Freund und einer in der Rolle Kollege sieht es schon wieder ganz anders aus. Mit jeder Rolle sind Rechte und auch Pflichten verknüpft. Nur welche das sind, das ist die Frage. Da schließt sich der Kreis zum Thema »Erwartungen«.

Jetzt hängt es ganz davon ab, wie stimmig man reagiert. Denn hier greift öfter einmal die Höflichkeit, als dass klar geäußert wird, dass man Privatgeschichten als Kollege nicht wissen möchte. Wenn das, was man sagt und das, was man tut übereinstimmt, spricht man von Kongruenz. Sagt jemand mit tieftrauriger Miene »Mir geht's total gut«, ist das inkongruent. Als Gegenüber steht man dann da und bemerkt vor allem nur, dass gerade irgendwas nicht passt. Achten Sie einmal darauf, wie sich die Menschen in Ihrem näheren Umfeld verhalten. Und wie Sie sich selbst verhalten und ob es zu dem passt, was Sie sagen. Stellen Sie fest, dass Sie in manchen Situationen nicht kongruent sind, empfehle ich wieder einmal, das schlaue Buch zur Hand zu nehmen und die inkongruente Aussage in eine kongruente umzuformulieren. So kann man das ganz gut üben. Und vor allem erkennen, dass es meistens in sehr ähnlichen Situation oder immer im Kontakt mit den gleichen Personen passiert.

Eine Beziehung definiert sich also nach und nach durch die Rollen mit ihren Rechten und Pflichten, die Erwartungen aneinander und auch durch die persönliche Stimmigkeit (Kongruenz) während der Verhandlung einer Beziehung.

Gesunde Beziehungen finden auf gleicher Ebene statt. Niemand ist menschlich über den anderen gestellt, auch wenn es hierarchisch vielleicht so ist. Soll heißen, auch wenn ich in einer Position bin, die mir Macht verleiht, muss ich sie nicht zwangsläufig einsetzen. Es besteht immer die Wahl, auf Augenhöhe mit dem anderen umzugehen. Auch umgekehrt, wenn der andere derjenige mit der Machtposition ist und diese ausnutzt. In solchen Momenten spielt es eine große Rolle, wie meine Beziehung zu mir selbst ist. Wenn ich mit mir hadere, wenn ich mich selbst nicht schätze und mich ständig fertigmache, ist die Wahrscheinlichkeit groß, dass ich es anderen auch sehr leicht mache, so mit mir umzugehen. Außerdem ist eine gesunde Beziehung zu sich selbst die beste Basis, um mit persönlichen Angriffen zurechtzukommen: Wenn ich erkennen und unterscheiden kann, dass das, was der andere gerade sagt, mehr mit ihm und seinen eigenen Problemen zu tun hat, als mit mir.

Eine wichtige Voraussetzung für eine gesunde Beziehung ist das Commitment: Ja, ich will. Ich will diese Art von Beziehung mit dir haben. Egal, ob es Freundschaft, Partnerschaft oder die Mitarbeit in einem Unternehmen ist. Auch, wenn diese Übereinkunft ungewöhnlich ist oder nicht unserer Moral entspricht, wie die (klischeehafte) Konstellation aus blutjunger Frau und ergrautem Wohltäter. Das Commitment ist unverzichtbar, wenn es nicht in die falsche Richtung gehen soll.

Die Ausgestaltung von zwischenmenschlichen Beziehungen kann dabei verschieden sein:

»

Wie jemand mit dir umgeht, sagt mehr über den anderen aus als über dich.

Jürgen T. Knauf (*1965), Geschäftsführer des Beratungshauses SCOPAR

«

Ist eine Beziehung nach innen und außen durchlässig, so ist sie gesund. Das heißt, beide Partner können ihre Persönlichkeit, ihr soziales Leben und die Partnerschaft ausleben. Lässt sie aber nichts und niemand von außen zu, ist sie ungesund. Abhängigkeiten voneinander und Isolation können so entstehen. Oder auf ungesunde Weise, praktisch unbeobachtet ausgelebt werden. Genauso ungesund ist es, wenn sie zwischen den Beziehungspartnern undurchlässig ist. Im diesem Fall entspricht die Beziehung eher einer Hülle, die nicht echt, nicht lebendig ist. Diese Art von Beziehung ist wie ein Deckmantel, um nicht hinsehen zu müssen, dass eine tiefgehende zwischenmenschliche Beziehung im Leben fehlt oder sogar unmöglich ist. Übrigens sind Frauen öfter die inneren Bindungen wichtig, Männern öfter die äußeren.

Zehn Fragen, zehn Punkte

Diesmal eine zweistufige Auswertung. Beantworten Sie sich zunächst die nachfolgenden Fragen. Das könnte etwas ausführlicher werden. Überlegen Sie anschließend wieder, wie zufrieden Sie auf einer Skala 0 bis 10 von mit der jeweiligen Antwort sind. (0 = völlig unzufrieden, 10 = ganz und gar zufrieden).

1. Welche Ihrer Beziehungen empfinden Sie als bereichernd?
2. Welche Ihrer Beziehungen belasten Sie oder sind unnütz?
3. Welche verschiedenen Rollen haben Sie inne?
4. Leben Sie Ihre Beziehungen auf Augenhöhe?
5. Kennen Sie die Erwartungen des Anderen und Ihre eigenen?
6. Von welchen Menschen sind Sie abhängig (emotional, materiell)?
7. Zu welcher Ihrer Beziehungen haben Sie kein Commitment?
8. Sind Sie mit Ihrer Art, Ihren Einstellungen und Ihrem Verhalten zufrieden?
9. Wie zufrieden sind Sie mit Ihrem Körper?
10. Passt das, was Sie sagen und das, was Sie tun zueinander?

Fazit Beziehungen

- Was an Ihren Beziehungen passt bereits?
- Was fehlt noch, um Ihre Beziehungen zufriedenstellend zu gestalten?
- Wovon zeigen Sie zu viel des Guten oder wo missbrauchen Sie vielleicht sogar Ihre Stellung anderen gegenüber?
- Auf was können Sie in Zukunft getrost verzichten?

Lebensstil

Der Lebensstil, den wir wählen, ist das Grundkonzept für Zufriedenheit. Die Basis von allem im Leben sozusagen. Lebensstil, das heißt: Wie wohnen Sie, was konsumieren Sie – materiell und mental? An was glauben Sie? Was tun Sie für Ihren Körper, was für Ihren Geist? Welche Werte sind Ihnen wichtig, auf was können Sie getrost verzichten? Diese und viele Punkte mehr stellen die Grundweichen dafür, wie Sie Ihr Leben für sich definieren und ausleben. Nicht selten werden zu viele Grundsatzfragen dem Zufall überlassen.

Wissen

Der Lebensstil ist ein Ausdruck unseres Selbst. Er stellt dar, welche Ansichten wir haben, was uns wichtig ist. Die Art zu leben verbindet uns mit anderen Menschen, die ähnliche Lebensentwürfe haben. Das Verhalten und die Einordnung davon, was passt oder nicht passt, sind dadurch geprägt. Zugehörigkeit zeigt sich zum Beispiel durch Kleidung, Gestik, Sprachgebrauch oder die Wahl der Orte, an denen man sich aufhält. Dadurch ergibt sich auch gleichzeitig eine Abgrenzung von anderen Menschen, die bewusst oder unbewusst unsere Wirkung auf andere steuert. (In meinem Fall zum Beispiel, hängt es stark vom Kontext ab, wie die Menschen mich einordnen. Im Museum werde ich für eine Künstlerin gehalten, im Yoga-Studio für eine überzeugte Buddhistin.)

Geprägt ist der Lebensstil zudem von der eigenen Herkunft, dem Einkommen und dem Alter. Die Herkunft ist einerseits kulturell geprägt, andererseits auch der Maßstab für den Lebensstandard. Je nachdem, wie hoch mein Einkommen ist und wie gut es an den Lebensstandard am Beginn des Erwachsenenleben heranreicht, desto leichter kann ich einen gewohnten Standard halten. Ihn herunterzuschrauben, stellt für die meisten Menschen eine riesige Herausforderung dar. Einer der gravierendsten Probleme bei Trennungen oder Scheidungen. Einer der ehemaligen Partner oder beide müssen von dem abweichen, was sie gewohnt sind. In vielerlei Hinsicht. Doch wenigstens die materielle Seite versucht man sich zu erstreiten. Was ich habe und was ich bin werden gerne gleichgesetzt. Kinder, die in einem Umfeld aufwachsen, indem nie verzichtet werden muss und denen alles immer und unbegrenzt zu Verfügung steht, stehen später vor der Herausforderung, selbst diesen Lebensstandard zu erreichen. Und zu halten.

Obwohl der Wunsch der Eltern, den Kindern alles geben zu können absolut nachvollziehbar und nicht verwerflich ist. Dass Kinder später pausenlos frustriert sein können, wenn sie (vielleicht noch) nicht das Level erreicht haben, das für sie normal ist, ist die andere Seite. Oder, dass Kinder über sehr lange Strecken im Leben finanziell abhängig bleiben, um leben zu können, wie sie es gewohnt sind. Abhängig von den Eltern oder auch abhängig von einem Finanzinstitut.

Auch das Alter prägt den Lebensstil in einigen Facetten. Prioritäten verändern sich im Laufe der Zeit und auch Ansichten ändern sich zuweilen. Es gibt wieder viele junge Menschen, die eher den Lebensstil von älteren Menschen leben, seitdem Familie und Kinder zu haben wieder mehr im Trend liegt. Umgekehrt gibt es sehr viele ältere Menschen, die eine vergleichsweise jüngere Lebensart leben, weil sie studiert haben und aufgrund der akademischen Laufbahn andere Prioritäten als Familie oder Kinder hatten. Die Grenze zwischen den Altersgruppen verschwimmt ohnehin immer

»

Erobern ist leichter als regieren.

Jean-Jacques Rousseau (1712–1778), Schriftsteller

«

mehr. Die typischen Altersklassen gibt es immer weniger, da allein durch den medizinischen Fortschritt, die höhere Lebenserwartung und das ständig um ein Vielfaches wachsende Wissen uns bereichern. Gesundheit, Nachhaltigkeit und Bewusstheit werden immer relevantere Themen.

Unser Lebensstil fördert in erheblichem Maße Eigenschaften von uns selbst. Sie entwickeln sich durch das, was wir tun und vor allem durch die Dinge, die wir konsumieren. Konsum ist ein etwas verbrauchtes Wort. Es steht nicht nur für den Konsum von Luxusgütern. Zur Schärfung des Begriffes: Konsum bezieht sich auf alles, was wir verbrauchen und uns zuführen. Also alles, was wir uns so reinziehen: Essen, Getränke, Musik, Filme, Drogen, Hörbücher, Lärm, Abgase, Wärme, Informationen ... Alles davon hat einen direkten und unmittelbaren Effekt auf unseren Körper und auf unseren Geist. Es werden sowohl negative als auch positive Eigenschaften geweckt oder gefördert. Ruhe oder Unruhe, Mut oder Zweifel. So gut wie alles, was wir konsumieren, regt entweder an oder es beruhigt. Körperlich oder mental gleichermaßen. Essgewohnheiten können zum Wohlbefinden beitragen, sie können aber auch Unwohlsein mit sich bringen. Die Lebensqualität jedes einzelnen hängt also stark davon ab, was konsumiert wird.

Bei einem stressigen Beruf, der kognitiv stark fordert, wäre der Konsum von eher anregendem Material – seien es Filme, Informationen, Social Media oder auch Kaffee – weniger gut für die mentale Entspannung am Abend. Überhaupt, wenn der Schlaf beeinträchtigt ist, nützt es schon, beruhigende Musik zu hören oder auch abends kein Fleisch zu essen. (Und keinen Kaffee nach 18:00 Uhr zu trinken.) Ein Ausgleich von mentaler Unruhe ist immer durch mentale Beruhigungsstrategien oder aber durch körperliche Abregung erreichbar. Wenn ich mich aber entscheide, den Abend mit Thriller und Bier vor dem Fernseher zu verbringen, statt mich körperlich zu betätigen oder mental runterzuholen, habe ich mich gegen den guten Schlaf entschieden. Ganz direkt und ohne Umschweife: gegen guten Schlaf entschieden.

Exkurs: Körper und Konsum

Alkohol macht hungrig, da er im Körper zu rasantem Anstieg des Blutzuckers führt. Blutzucker schnell rauf, Blutzucker schnell runter = Hunger. Der Zuckerspiegel bremst übrigens auch gleich die Fettverbrennung aus. Stattdessen wird das Fett dann eben eingelagert.

Ach ja, und die Gefäße weiten sich auch noch. Da lagert sich dann leichter Wasser ein. Nicht gleich im gefährlichen Maße, doch immerhin sichtbar. Auch auf der Waage. Wenn Sie mit Ihrer Figur unzufrieden sind, könnte das am Alkoholkonsum liegen. Auch ganz ohne es mit der Menge zu übertreiben. Jeder Körper reagiert unterschiedlich empfindlich auf Störfaktoren.

Nach dem Feierabendbier oder dem Prosecco ist unser Körper erst einmal ganz schön beschäftigt. Denn, Alkohol – auch in geringen Mengen – ist für den Körper eine Substanz der Kategorie Gift. Klar, wir überleben das schon. Aber nur deshalb, weil die Organe und der Stoffwechsel sich darauf stürzen den Körper giftfrei zu machen. Das geht zulasten der normalen Körperfunktionen.

Anschauliches Beispiel ist das Schlafverhalten: Ist die Leber nachts mit dem Abbau von Alkohol beschäftigt, ist der Schlaf weniger erholsam. Manchmal wachen wir auch auf, meistens zwischen zwei und vier Uhr. In dem Zeitraum arbeitet die Leber am meisten – und wenn viel zu tun ist, dann eben auf Hochtouren. Was passiert, wenn man einen Motor permanent auf Hochtouren laufen lässt, wissen Sie selbst. Gut, dass Alkohol schädlich ist, sollte allen bekannt sein. Der gleiche Mechanismus findet sich jedoch bei allen anderen Substanzen auch. Egal ob legal oder illegal, egal ob Lebensmittel oder eben geistiger Input. Das Prinzip bleibt das Gleiche. Jede Last auf das System ist eine zusätzliche Belastung. Sollten Sie von einer Substanz abhängig sein, kann ich nur empfehlen: Gehen Sie den Weg zu einem Arzt, Sie können nur gewinnen, wenn Sie Unterstützung von Profis bekommen. Wenn

Sie so etwas schon hinter sich haben und ständig Gedanken an den Stoff der Begierde heben, habe ich zwei Anregungen für Sie:

- *Konzentrieren Sie sich nur auf heute. Nur heute und nicht morgen oder auf wochen- oder monatelange Disziplinierung. Es wird ohnehin jeden Tag leichter.*
- *Versprechen Sie sich selbst nur eines: Wenn (!) es zu einem Zwischenfall kommt, dann reagieren Sie. Abhängigkeit ist so ähnlich wie Diabetes. Zwischendurch muss man sich immer mal wieder abchecken und neu einstellen lassen. Das ist keine Schande. Wichtig ist nur, sich selbst zuliebe sofort zu reagieren. Anruf. Klinik. Check-in.*

Auch die Menschen, die uns umgeben, konsumieren wir sozusagen. Wir nehmen Einstellungen, Handlungen und Normen an, die in unser Verhalten prägen. Vor allem aber sind wir manchmal von anderen Menschen abhängig. Emotional, etwas wie »Ohne dich kann ich nicht leben« oder »Nur wenn du bei mir bist, geht es mir gut«. Alle Gedanken, alle Entscheidungen richten sich möglicherweise nach dem Menschen, den man halten möchte – und das kann sehr ungesund sein. Wenn das auf Sie zutrifft, versuchen Sie besonders Zeit mit anderen Menschen zu verbringen. Nicht, weil der andere schlecht ist, sondern weil Sie unabhängiger sind, auch wenn es einmal ein Problem gibt. Glücklich sein hängt viel davon ab, wie gut ich mich selbst glücklich machen kann.

Unser Lebensstil grenzt uns wiederum auch von anderen Menschen ab. Hier kann Individualität stattfinden, wenn man in anderen Lebensbereichen eher standardisiert oder uniformiert auftreten muss. Dazu zähle ich auch Anzüge oder Business-Kostüme. Authentizität stellt sich ein, wenn der Lebensstil zu den eigenen Bedürfnissen passt. Sie ist der erste Schritt zur Zufriedenheit.

Manchmal ist die Lebensführung auch ein Mittel, um sich möglicherweise anders darzustellen, als man ist. Was andere sehen sollen und was ich von mir zeigen möchte sind Kriterien, nach denen entschieden wird, was wir tun. Dabei handelt es sich oftmals um wirklich grundlegende Entscheidungen, wie den Wohnort oder die Entscheidung, ob ich in einer Wohnung, einem Haus oder in einer eigenen Immobilie lebe. Diese Entscheidungen sind zwar durch den jeweiligen Geldbeutel limitiert, aber der ursprüngliche Wunsch danach – und dessen Intensität – auf eine bestimmte Weise zu leben, ist der Grund, warum jemand zum Beispiel über seine Verhältnisse lebt.

Früher gab es schlichtweg nicht so viele Lebensmodelle wie heute. Viele Fragen stellten sich einfach nicht. Alleine die vielen Berufstätigen, die heute zugunsten des Arbeitgebers ganz flexibel sein müssen und täglich stundenlang mit dem Auto unterwegs sind. Oder die vielen Consultants, die komplett reisend tätig sind und aus dem Koffer leben. Sie alle sind nichts Ungewöhnliches mehr, keine Ausnahmen oder Exoten. Das Leben komprimiert sich auf sehnsuchtsvolle Telefonate mit den Lieben oder auf zwei oder drei Tage in der Woche zu Hause. Dem muss eine Familie oder eine Beziehung erst einmal standhalten. Die Zeit, die Arbeit einnimmt, ist ein ganz entscheidender Faktor hinsichtlich der Lebensweise. Jeder Mensch braucht Zeit zur Erholung und zur Regeneration in einem gesunden Maß zur Arbeitsleistung.

Manche Menschen übernehmen große Teile ihres Lebenskonzeptes von jemand anderem und erfüllen so ihre eigenen Bedürfnisse nur unzureichend. Wichtig ist nach meiner Erfahrung dabei vor allem, sich das bewusst zu machen, was Sie gerne von jemand anderem übernehmen und welche Teile für Sie existenziell für ein zufriedenes Leben sind und die sie daher nicht übernehmen sollten. Das sind die Teile, an denen Sie arbeiten sollten. Ein Stadtmensch sollte in der Stadt leben, alles andere führt nahezu zwangsläufig zu großen Problemen.

Besonders die Auswahl unserer Optionen ist davon beeinträchtigt. Wir sind geprägt von den Menschen um uns herum und davon, was für sie gut, normal und richtig ist. Daher empfiehlt es sich, immer gut darauf zu achten, mit wem man sich umgibt. Und mit wem man sich berät. Es arbeitet sich erheblich schwerer, wenn man von nörgelnden oder frustrierten Kollegen umgeben ist. Sind die Menschen um uns herum laut und dynamisch, werden wir selbst auch lauter und dynamischer. Wir passen uns an, ob wir wollen oder nicht.

Was bin ich und was lebe ich tatsächlich aus. Bin ich
- Familienmensch oder Einzelkämpfer?
- Kreativer oder Kopfmensch?
- Chaot oder Ordnungsliebhaber?
- Sparfuchs oder Lebemann/-frau?
- Organisator oder Teilnehmer?
- Hersteller oder Verbraucher?
- Rausgeher oder Stubenhocker?
- Weich oder hart?
- Baustelle oder Büro?
- Berg oder Meer?

Und: Lebe ich genau das oder eher das Gegenteil in der Realität?

Die Gestaltung des Lebensstils hat mit allen genannten Punkten definitiv den gravierendsten Einfluss auf alle anderen Lebensbereiche. Er ermöglicht uns vieles und verhindert gegebenenfalls alles. Er bestimmt, wie viel Platz für Beziehungen, Job und Karriere, Sexualität und Freizeitausgleich im Leben ist. Manchmal erlauben wir uns aber auch einfach nicht, dem Bereich, der uns insgeheim wichtig ist, eine hohe Bedeutung zuzuschreiben. Oder wir priorisieren anderes hoch. Welche Einstellung wir dazu und zum Leben haben, wie angespannt oder gestresst wir mit unangenehmen Dingen umgehen, lässt sich durch unseren Verstand steuern. Umgewöhnung, so wie zum Beispiel die Entscheidung darüber, wie schlimm oder weniger schlimm ich etwas empfinde, fechten wir tagtäglich aus.

Eine kleine Geschichte dazu, die ich sinngemäß widergeben möchte, da ich sie in vielen Varianten kennengelernt habe.

Ein Indianerhäuptling erzählt des Abends am Lagerfeuer seinem Enkel diese Geschichte.
»Mein Sohn, in jedem von uns tobt ein Kampf zwischen zwei Wölfen.
Der eine Wolf ist böse. Er kämpft mit Ärger, Neid, Eifersucht, Sorgen, Gier, Arroganz, Selbstmitleid, Lügen, Überheblichkeit, Egoismus und Missgunst.
Der andere Wolf ist gut. Er kämpft mit Liebe, Freude, Hoffnung, Gelassenheit, Güte, Mitgefühl, Großzügigkeit, Dankbarkeit, Vertrauen und Wahrheit.«
Der Enkel fragt gespannt: »Welcher von den beiden Wölfen gewinnt?«
Der Häuptling antwortet ihm: »Der, den du fütterst.«

Und, wen füttern Sie?

Um sich Luft im Alltag zu verschaffen, genügt es, sich einmal in der Woche einen Gammeltag zu genehmigen. Alle zwei Wochen sollte ein Tag für die Gesundheit drin sein, an dem Zeit für Sauna oder ausführliche Fitness ist. Am Abend jedes einzelnen Tages genügt es, sich vor dem Einschlafen ein paar Gedanken darüber zu machen, was gut gelaufen ist an diesem Tag. Häufig sind wir zu sehr auf Fehler, Probleme oder Sorgen fixiert. Das kann durch diese einfache Technik deutlich abgeschwächt werden. Vorfreude ist ebenso ein ausgesprochen positives Element. Zum Beispiel durch die Planung eines Highlights im Jahr, kann man über Monate hinweg Vorfreude erzeugen – und aufrechterhalten. Sich einmal im Monat mit Freunden zu treffen, um ausgelassen zu sein, einfach Blödsinn zu reden und zu lachen, ist in jeder Situation die beste Medizin. All diese Maßnahmen lockern einen starren oder eingefahrenen Lebensstil unmittelbar auf. Und sie sind gleichzeitig die beste Prophylaxe gegen den Alltagsblues.

Zehn Fragen, zehn Punkte

Diesmal wieder eine zweistufige Auswertung. Beantworten Sie sich zunächst die nachfolgenden Fragen. Das könnte etwas ausführlicher werden. Überlegen Sie anschließend wieder, wie zufrieden Sie auf einer Skala von 0 bis 10 mit der jeweiligen Antwort sind. (0 = völlig unzufrieden, 10 = ganz und gar zufrieden).

1. Was konsumieren Sie täglich? (Lebensmittel, Informationen, Menschen, ...)
2. Wovon sind Sie abhängig?
3. Entspricht Ihr Lebensstandard Ihren Verhältnissen?
4. Fühlen Sie sich zu jung oder zu alt für Ihre Lebensweise?
5. Geben Sie sich selbst Zeit für Regeneration?
6. In welchen Teilen Ihres Lebens sind Sie nicht authentisch?
7. Wer prägt Ihren Alltag?
8. Wer hat Vorbildfunktion?
9. Welche negativen, welche positiven Eigenschaften an Ihnen fördert Ihr Lebensstil?
10. Welche Werte sind ihnen wichtig? (Qualität, Authentizität, Wohlstand, Freiheit, ...)

Fazit Lebensstil

- Was an Ihrem Lebensstil passt bereits?
- Was fehlt noch, um Ihren Lebensstil zufriedenstellend zu gestalten?
- Wovon zeigen Sie mehr als gut ist?
- Auf was können Sie in Zukunft getrost verzichten?

Sexualität

In einer völlig übersexualisierten Gesellschaft geht es tatsächlich viel zu selten wirklich um Sex. Viel zu oft orientieren sich die sexuellen Gewohnheiten nach dem, was von uns erwartet wird und weniger nach dem, was man sich selbst wünscht. Zwei Punkte halte ich dabei für besonders wichtig: Einerseits, ob Sie in der Lage sind, souverän über Sex zu sprechen, ohne rot zu werden. Zum anderen, ob Sie überhaupt Ihre eigenen Bedürfnisse kennen. Leben Sie in einem Umfeld, in dem es Ihnen überhaupt möglich ist, Ihre Sexualität so auszuleben, wie Sie es sich wünschen? Welche Rolle spielen äußere Faktoren wie Schönheit, Alter, körperliche Beeinträchtigungen für Sie? Entspricht Ihr Beziehungskonzept (zum Beispiel eine monogame Beziehung) Ihren sexuellen Wünschen oder haben Sie einen ständigen Konflikt, weil Sie Geheimnisse hüten müssen?

Wissen

Beim Begriff »Sexualität« gehen die Gedanken oftmals nach unten, in den körperlichen Abschnitt, in dem sich die Geschlechtsorgane befinden. Was zunächst erst einmal keine verwunderliche Assoziation ist, denn der Begriff stammt vom lateinischen Sexus ab, was so viel heißt wie »Geschlecht«. Tatsächlich teilt sich Sexualität auf insgesamt drei Perspektiven auf: der körperlichen, der psychischen und der soziologischen. Alle drei Aspekte spielen für eine erfüllte Sexualität eine Rolle. Und beeinflussen Zeitpunkt und Dauer der vier Phasen, die beim Geschlechtsakt durchlaufen werden. Diese Phasen sind die Erregungs-, die Plateau-, die Orgasmus- und die Rückbildungsphase des sexuellen Reaktionszyklus. In jeder werden andere Stoffe, Hormone, Drüsen im Köper angeregt, um den Akt in jeder Hinsicht gelingen zu lassen.

Nicht nur, dass vollständig und gesund ausgebildete Geschlechtsorgane – innerliche wie äußerliche – von Bedeutung sind. Auch, wie die Organe der Geschlechtspartner rein physisch zueinander passen, spielt durchaus eine Rolle. Denn nicht jeder Mensch ist zum anderen – um es etwas technisch zu formulieren – kompatibel. Die psychische Komponente spiegelt wider, mit welcher Haltung wir uns aufgrund unserer persönlichen Erfahrungen auf Sex einlassen. Erfahrungen sind hierbei einerseits die sexuellen Erfahrungen, aber auch alle anderen. Steht es mit Vertrauen zu anderen Menschen schlecht, hat das zum Beispiel auch Einfluss auf das Sexualverhalten. Soziologisch betrachtet, kommen anerzogene Schamgrenzen zum Tragen oder auch gesellschaftliche Moralvorstellungen. Verbote, die in der Gesellschaft gültig sind, nehmen wir mit ins Bett.

Auch ohne dass eine konkrete funktionale Störung vorliegt, kann es also zu unerwünschten Effekten, wie Verzögerungen, überschnellen Reaktionen oder Überreizungen im Laufe des Aktes kommen. Männer zum Beispiel, trainieren sich manchmal darauf, den Höhepunkt hinauszuzögern, um nicht zu früh das Liebesspiel zu beenden. Im Laufe der Zeit verändert sich die körperliche Funktionsfähigkeit und die künstliche Verzögerung wäre überflüssig. Doch leider wurde sie so gut antrainiert, dass sie jetzt wie eine Potenzstörung aussieht, es aber nicht ist. (Das ist therapeutisch allerdings relativ leicht zu beheben, wenn man den Mut hat, sich mit diesem Tabu zu befassen.)

Rein funktional betrachtet, ist Sex auch keine große Sache. Doch Sex ist viel mehr als Funktionalität: eine Art des Ausdrucks für vieles, dass nicht oder nur schwer gesagt werden kann. Er drückt Liebe und Zuneigung aus. Er ist eine Form der Kommunikation. Wir können unsere eigene Schönheit ausdrücken und die des anderen in uns aufnehmen. Wir zeigen Anziehung zu- und Lust aufeinander. Sex ist etwas Intimes. Und nicht nur, weil wir ihn (in der Regel) hinter verschlossenen Türen praktizieren, sondern weil er mehr ist als nur nackt zu sein. Er ist eine Form der Selbstenthüllung, bei der wir zeigen, wer wir sind. Das Innerste wird zum Ausdruck gebracht. Lust und Leidenschaft, Zorn und Zweifel, alles spielt mit hinein.

Die grundsätzliche Lustfähigkeit und die Lust auf den Partner zu Hause können daher schon einmal voneinander abweichen. Denn es gibt viele Einflüsse auf die Lust. Partnerkonflikte, Beziehungsängste oder einfach nur Stress können stark beeinflussend sein. Arbeit, Kinder, Verpflichtungen fördern diese Faktoren und verhindern gleichzeitig oftmals deren Lösung. Aber auch weniger psychologisch betrachtet, gibt so es einiges, was man zugunsten eines erfüllten Sexuallebens parametrisieren kann: Ruhe und Ungestörtheit, Lichtverhältnisse, das eigene Körpergefühl, die derzeitige Gesundheit, das Alter, Fitness, also Kraft und Ausdauer. Sie kennen sicherlich auch den einen oder anderen, der so langsam älter wird und sich immer mehr darauf ausruht, keinen Sport machen zu müssen, weil er einerseits nicht mehr auf Partnersuche müsse und andererseits es normal sei, dass man in dem Alter nicht mehr so sportlich ist. Sexuell betrachtet ist das ein No-Go. Denn äußerliche Attraktivität spielt uns einen psychologischen Streich, wenn wir sie nicht (mehr) haben. Wenn man bedenkt, wie viel Zeit in Frisuren, Bärte, Kleidung oder Kosmetik investiert wird und wie irrelevant das alles wird, wenn es um die sprichwörtliche nackte Wahrheit geht, ergibt das irgendwie keinen wirklichen Sinn mehr. Fühlt man sich nackt so gar nicht wohl in seiner Haut, wird es schwieriger mit der eigenen sexuellen Erfüllung. Die Psyche mischt ordentlich mit.

Übrigens, wussten Sie, dass früher Frauen als triebgesteuertes oder gar sexbesessenes Geschlecht galten? Es gibt reichlich Literatur dazu, wie die übermäßige weibliche Lust zu zügeln sei und wie erreicht werden kann, dass sie nicht zu früh zum Höhepunkt gelangt. Heute ist die allgemeine Meinung genau umgekehrt. Ein schönes Beispiel für einen soziologischen Faktor, der unser Sexualverhalten beeinflusst.

»

Was dich berührt wird ein Teil von dir.

Werbeslogan Jean & Len

«

Unser Fokus liegt oft vermehrt auf der äußerlichen Attraktivität. Was medial reichlich vorgelebt und gefördert wird. Fokus also auf alles, das von außen einsehbar ist. Intimität jedoch, beschreibt genau den anderen Part, das Innenleben. Das Innerste zu zeigen und nach außen zu tragen erfordert Mut. Und auch Übung. Je besser wir uns gegenseitig kennen, desto inniger und erfüllender kann die Sexualität werden. Der bekannte Sexualwissenschaftler David Schnarch sagt ganz klar: Je mehr sich Paare mit ihrem Innenleben auseinandersetzen, desto schöner und erfüllter die Intimität. Zweifel am anderen oder Zweifel an uns selbst können ausgeräumt werden, Nähe entsteht, Vertrauen wächst. Eine Entwicklung findet statt. Mit der Zeit werden so Tabus, Scham und Hemmungen abgebaut. Sie sind keine Themen mehr, die verunsichern oder ängstigen, stattdessen können Vorlieben und Fantasien ins Liebesleben integriert werden, die früher noch nicht einmal hätten ausgesprochen werden können. Erich Fromm beschreibt die Liebe als Arbeit an der Partnerschaft und fasst sie mit drei Begriffen zusammen: Geduld, Konzentration und Disziplin. Wie ich finde, die treffendste Zusammenfassung.

In jedem von uns schlummern bestimmte Anteile, die gelebt werden wollen und für die wir bei unserem Partner das Gegenstück suchen. Eine Frau, die gerne ihren Mann bewundern möchte, braucht einen Mann, der sich gerne bewundern lässt. Will sie heiraten und Kinder haben, braucht sie Sicherheit. Er muss also ein verlässlicher Typ sein. Das ergänzt sich gegenseitig und harmoniert.

Ein Beispiel: Braucht sie sehr viel Nähe und er ist eher ein Distanzmensch, dann bleibt trotz aller Harmonie in den anderen Bereichen ein wesentliches Bedürfnis unerfüllt. Und das ist der Moment, in dem ein anderer Mann vom Typ »romantischer Liebhaber« eine reelle Chance hat, ins Spiel zu kommen. Der Liebhaber gibt ihr die Nähe, die der Partner nicht gibt oder geben kann. Und so kommt eines zum anderen. Dadurch, dass sich der Mensch permanent verändert und entwickelt, können solche Defizite in der Beziehung entstehen. Sollten Sie schon einmal jemanden betrogen haben, stellen Sie sich doch mal die Frage, welches grundlegende Bedürfnis sie damit kompensiert haben. Diese Antwort zu kennen, kann verhindern, erneut in das gleiche Muster zu fallen, wenn eine neue Beziehung ansteht. Um immer gleiche Schemen in den Beziehungen zu verhindern, gehört auch dazu, eine für sich selbst gute Sprache zu finden. Es ist ungemein hilfreich, wenn man für sich selbst klare Begriffe gefunden hat, mit denen man die sensiblen Körperstellen und die Vorgänge benennt. Immer gleich, um gar nicht erst ins Überlegen zu kommen, wenn das Gespräch darauf kommt.

Männer und Frauen haben evolutionär betrachtet unterschiedliche Anlagen. Ich komme wieder zurück auf die Steinzeit. Das Männchen ist so gebaut, dass es so viele Weibchen wie möglich befruchten kann. Arterhaltung als oberste Priorität. Die Weibchen hingegen tragen monatelang ein Kind unter dem Herzen und sind anschließend wiederum monatelang mit dessen Versorgung beschäftigt. Das Bedürfnis nach Sicherheit und Versorgung ist entsprechend stark ausgeprägt. Die Bindung spielt eine erhebliche Rolle, was bei eher flüchtigen Abenteuern dann gerne mal zum Problem wird.

Übrigens: Der Sexualtrieb ist beim Menschen, genauso wie bei anderen Primaten, kein reines Instinktverhalten. Er unterliegt Entscheidungsprozessen – so ausgeliefert sind wir also nicht, wie es so gerne behauptet wird.

Liebe, Lust und Leidenschaft kosten uns viel Energie. Ständig geht es unbewusst um Fragen wie: »Wo stehe ich im Vergleich zu anderen?«, »Bin ich attraktiv?« oder »Interessieren sich andere wegen mir oder meines Äußeren für mich?« Das kann ziemlich anstrengend sein und Frust erzeugen. Genauso wie in einem Leben ganz ohne Sex, ein wichtiger Teil des menschlichen Wesens nicht ausgelebt wird. Eine Berührung oder eine Umarmung kann so viel gutmachen, wenn es gerade schwierig im Leben ist. Organisch nehmen wir Berührungen über die Haut auf, die ebenso wie Augen oder Ohren ein Sinnesorgan ist. Unser Tastsinn wird über die gesamte Hautoberfläche von circa zwei Quadratmetern wahrgenommen, an allen Ecken und Enden unseres Körpers, sozusagen. Berührungsreize lösen eine ganze Reihe von biochemischen und neurophysiologischer Reaktionen aus. Die Stimmung hebt sich, die Wahrnehmung und auch das Denken verändern sich. Zum Beispiel wird Zeit anders wahrgenommen, wenn man Körperkontakt hat. Entspannung stellt sich ein, die Laune hebt sich. Ein bisschen wie »alles halb so wild«.

Obwohl Sex ständig Thema ist, wird doch eigentlich nicht wirklich darüber gesprochen. Die sexuelle Bildung lässt bei vielen Menschen sehr zu wünschen übrig. Sie beinhaltet einerseits den anatomischen und medizinischen Teil, andererseits die vielseitigen Praktiken. Ich kann nur empfehlen, sich aus beiderlei Richtungen mit dem Thema zu beschäftigen, da es sich um ein Themenfeld mit großer Auswirkung auf das Wohlbefinden handelt. Aber Achtung: Sich zu viel mit Sexualität zu beschäftigen, tut nicht gut, genauso wie darauf zu verzichten. Jeder sollte sich ausreichend darum kümmern, ein gutes, gleichberechtigtes, anspruchsvolles und erfüllendes Sexualleben zu bekommen. Auch Sex außerhalb einer Beziehung kann und darf von Herzen kommen. Und in einer Beziehung sowieso.

Zehn Fragen, zehn Punkte

Auf einer Skala von 0 bis 10, wobei 0 für »völlig unzufrieden«, 10 für »ganz und gar zufrieden« steht, wie zufrieden sind Sie mit ...

1. Ihrem Körper?
2. Ihrer Fähigkeit zu Vertrauen/sich fallen zu lassen?
3. dem körperlichen Zusammenspiel zwischen Ihnen und Ihren Geschlechtspartnern?

4. Ihrer sexuellen Ausdrucksfähigkeit?
5. dem Verlauf Ihres Liebesspiels?
6. der Häufigkeit, in der Sie Sex haben?
7. den Höhepunkten die Sie haben?
8. den äußeren Rahmenbedingungen beim Sex?
9. der Intimität in Ihrem Leben?
10. dem Verhalten Ihres Partners oder Ihrer Partnerin beim Liebesspiel?

Fazit Sexualität

- Was passt bereits an Ihrem Sexualleben?
- Was fehlt noch, um Ihre Sexualität zufriedenstellend zu gestalten?
- Wovon zeigen Sie mehr als gut ist?
- Auf was können Sie sexuell in Zukunft getrost verzichten?

Quality Time für Muße und Zerstreuung

In unserer immer schnelllebigeren Zeit, in der vieles nur noch flüchtig Bestand hat, geraten wir Menschen zunehmend in eine Zwickmühle. Einerseits möchten wir zeitgemäß leben und uns nicht vor zum Beispiel modernen Medien verschließen, andererseits ist der Mensch ein Gewohnheitstier, das Rituale und Beständigkeit braucht. Wie schaffen Sie Ruhe, wie inspirieren Sie sich? Wie zerstreuen Sie sich, um Ihren Alltag loszulassen? Es geht hier um aktive Freizeitgestaltung, die über ein Hobby hinausgeht. Was tun Sie dafür, um wöchentlich, monatlich, ... aus dem üblichen Trott auszubrechen und neue Ideen zu entwickeln? Dieser Schritt ist wesentlich zur Vermeidung von Sucht, Depression und Burn-out – und vielleicht der wichtigste, um sich ein wirklich schönes Leben zu machen. Selbst wenn Sie sich zum Beispiel nur alle halbe Jahre die Zeit nehmen, eine Ausstellung zu einem für Sie interessanten Thema zu besuchen, so befassen Sie sich ja auch bereits im Vorfeld mit dem Thema und entwickeln Vorfreude. Eine der wichtigsten Emotionen, um längerfristigen Belastungen standzuhalten. Haben Sie Spaß! Kümmern Sie sich darum, dass Sie welchen bekommen! Beschäftigen Sie sich mit den Themen, die Sie ohne Leistungsdruck, ohne Ziel, ohne Plan einfach nur interessieren. Für Sie.

Wissen

Die Überschrift dieses Kapitels lautet nicht »Freizeitgestaltung«. Der Begriff »Freizeit« wird einfach zu oft und zu leicht damit verbunden, welche Zeit man nicht bei der Arbeit ist. Wäre das so, hätten wir alle weniger Probleme und ein schönes Leben. Und Freizeitbeschäftigungen sind auch nicht alle Beschäftigungen, für die man nicht bezahlt wird.

Freie Zeit neben dem Beruf teilt sich einmal mehr auf Aufgaben auf, die eben nicht Freizeitbeschäftigungen sind, die im Sinne von Muße und Zerstreuung, sprich dem Ausgleich dienend, zu verstehen sind. Sich um andere Menschen zu kümmern, den Haushalt zu organisieren, die Wohnung in Schuss zu halten oder zum Arzt zu gehen, sind keine Freizeitbeschäftigungen. Kein Zeitvertreib. Denn darum geht es: Zeit einfach so zu verschwenden, für etwas, das keiner Pflicht unterliegt und nicht (unbedingt) für jemand oder etwas anderes gut ist als für sich selbst. Die eigene Wahrnehmung dessen, wie viel Freizeit man hat, weicht sehr oft davon ab, wie es tatsächlich darum bestellt ist. Auch Hobbys geraten manchmal in eine Schiene, in der sie mehr Pflicht als Vergnügen sind. Der Übergang von einem zum anderen ist so fließend, dass er verwischt. Es fällt nicht unbedingt auf, dass es sich längst nicht mehr um einen Ausgleich handelt.

Zeit für Muße und Zerstreuung brauchen wir, um den Blick zu weiten. Um über den Tellerrand zu blicken, den uns Routinen bescheren. Um kreativ werden zu können. Neue Ideen für uns, unser Leben und auch für unsere Sorgen zu finden. Um vorwärts zu kommen im Leben. Diese Zeit erlaubt uneingeschränkt zu sein, raus aus dem üblichen Rahmen unseres Alltags.

Die Berufskleidung an den Nagel zu hängen, Rollen kurzfristig aufzugeben, hemmungslos zu sein. Wir sollten lachen, frei denken, vielleicht auch ab und zu weinen, aber auf jeden Fall sollten wir uns einfach ausleben können. Der Mensch ist ein sehr facettenreiches Wesen, erst durch gesellschaftliche oder soziale Normen, werden wir eingeschränkt. Im Job verhalten wir uns anders als zu Hause. Genauso, wenn wir unter Leute gehen. Was uns für den Beruf wichtig ist, kann privat völlig irrelevant sein. Diese Gegenpole müssen und dürfen erlaubt sein. Sonst explodiert man irgendwann. Es entsteht eine Art Vakuum, weil wichtige Teile der eigenen Persönlichkeit leer und unerfüllt bleiben. Die Auswirkungen können verheerend sein. Die oft belächelte Midlife-Crisis ist ein Beispiel dafür. Sie zeigt letztlich nur (schlagartig) auf, was ohnehin seit Jahren brodelt. Auch, wenn erfolgreiche und arbeitswütige Menschen plötzlich und radikal aus allem aussteigen, ist das ein Indiz dafür, dass sie einfach sehr lange viele für einen gesunden Menschen wichtige Aspekte nicht ausleben konnten. Man kann gleichzeitig tough im Geschäftsleben sein und trotzdem ein Freigeist. Es widerspricht sich nicht, so zu sein, es ergänzt sich. Leider entwickelt es sich über die Jahre meistens in eine andere Richtung. Muße und Zerstreuung bekommen immer weniger Platz im Leben. Man spürt, es fehlt etwas, aber man kann nicht beschreiben was. Dieses Vakuum kann so stark sein, dass sich sogar Krankheiten entwickeln. Wie bei einer Pflanze, die nicht gegossen wird, gehen wir ein.

Etwas tun, einfach, weil man es kann. Etwas tun, ohne damit etwas bezwecken zu wollen. Etwas erschaffen. Etwas erforschen. Neugier befriedigen, kreativ sein und sich inspirieren lassen. Sich einfach für etwas interessieren ... Zeit verschwenden, statt Geld. Das ist es, was dem Leben Inhalt gibt und Zufriedenheit schenkt. Es erfüllt uns über lange Zeiträume, und wir können in schweren Zeiten davon zehren.

Meistens genügt es, sich zu erinnern, was man früher gerne gemacht hat als die Zeit noch nicht so begrenzt war. Oder was man in einer Phase des Lebens gemacht hat, in der man glücklich war. Womit habe ich meine Zeit verbracht, was genau habe ich getan, als ich glücklich war? Manchmal fällt es sogar schwer, sich überhaupt daran zu erinnern, wann man zuletzt glücklich oder zufrieden war.

Die Suche danach, innere Leere zu füllen endet manchmal auch weniger konstruktiv. Sucht und Suche hängen oft zusammen. Ein Suchtmittel erfüllt genau den Zweck, eine Lücke zu füllen, sich wenigstens für einen begrenzten Zeitraum kurzfristig vollständig zu fühlen. Eine Quick-and-Dirty-Lösung für Suchende, sozusagen. Andere schließen sich wiederum Gruppierungen an, in denen der Mangel kompensiert wird (Stichwort Esoterik) oder die durch das Defizit entstandenen Zustände (Wut, Zorn, Aggression, Unzufriedenheit) loszuwerden.

Wer aber nach konstruktiven Lösungen sucht und bei der Erinnerung nicht weiterkommt, dem sei empfohlen, eine Bahnhofsbuchhandlung oder eine Bibliothek aufzusuchen. Es finden sich dort Sammlungen von fachbezogenen Zeitschriften und Magazinen zu den ausgefallensten und zu den einfachsten Themen. Das macht Lust und Neugier auf neue Themen.

Auch Reisen bieten sich an, um den Blick zu erweitern und sich neue Perspektiven (ganz anonym) in der Fremde zu erobern.

Zehn Fragen, zehn Punkte

Auf einer Skala von 0 bis 10, wobei 0 für »völlig unzufrieden«, 10 für »ganz und gar zufrieden« steht, wie zufrieden sind Sie ...

1. insgesamt?
2. mit der Qualität Ihrer freien Zeit?
3. mit der Menge an Zeit, die Ihnen für Muße und Zerstreuung zur Verfügung steht?
4. mit dem Verhältnis von freier Zeit und Zeit, die Sie mit Verpflichtungen verbringen (also zweckmäßige Zeit)?
5. mit dem Anteil an kreativen Tätigkeiten in Ihrem Leben?
6. mit Ihrem Gesundheitszustand?
7. mit der Intensität, mit der Sie intellektuell gefordert sind?
8. mit dem Maß an Dingen, auf die Sie richtig Lust haben?
9. mit Ihrer Neugier?
10. mit dem Ausgleich für Ihre Arbeit?

Fazit Quality Time

- Was passt bereits an Ihrer Quality Time?
- Was fehlt noch, um Ihre Quality Time zufriedenstellend zu gestalten?
- Wovon zeigen Sie mehr als gut ist?
- Auf was können Sie in Zukunft getrost verzichten?

6.

Zukunftsmusik

Jetzt, da Sie sich mit verschiedenen Facetten Ihres Lebens beschäftigt haben und sicherlich noch den einen oder anderen weiteren Knackpunkt gefunden haben, möchte ich noch einmal Ihre bereits gefasste Zielsetzung unter die Lupe nehmen. Sie erinnern sich, wir haben uns im Abschnitt »Strukturiert an den Kragen« mit dem Zukunftsbild und Ihren Wunschvorstellungen beschäftigt. Ich könnte mir vorstellen, dass die Auseinandersetzung mit den verschiedenen Lebensbereichen - und die Generierung von Optionen zuvor – einiges verändert haben könnten. Gut so! Es zeigt nur, dass Sie schon ein paar Schritte weiter sind als anfangs. Wie gesagt: Entwicklung braucht Zeit. Und um diese Entwicklung weiter voranzubringen, möchte ich Ihnen eine weitere Methode nicht vorenthalten, die Sie jetzt anwenden können, um die neu gewonnenen Informationen strukturiert in Ihre Zukunftsvision einzubinden.

Der nachfolgende Check-up für Zielformulierungen bezieht die Logischen Ebenen nach Robert Brian Dilts mit ein, einem der Erfinder der Neurolinguistischen Programmierung (NLP). Der Check-up unterstützt Sie dabei, herauszufinden, wohin Sie wollen. Und er fasst etliche der in den letzten Kapiteln betrachteten Aspekte zusammenfassend auf. Nutzen Sie auch hier wieder Ihr schlaues Buch, um Ihre Gedanken zu Ihrem Zielbild zu notieren und das erste gegebenenfalls zu überarbeiten. Wer schreibt, der bleibt!

1. Wie lautet Ihr Ziel?
Formulieren Sie konkret, positiv und in eigener Verantwortung. Sie sind der handelnde Akteur.

2. Woran werden Sie erkennen, dass das Ziel erreicht ist?
Formulieren Sie konkrete Kriterien, die Sie oder andere überprüfen können.

3. Bestimmen Sie den Kontext

Benennen Sie wann, wo, wie oft, mit wem Sie sich in Ihrem Zielzustand sehen.

4. Wie wird sich dadurch Ihr Leben verändern?

- Für Sie selbst?
- Für Ihren Partner oder Partnerin?
- Für Ihren Beruf?
- Für Ihre Freunde?
- Für Ihre Kunden?

5. Was ist das Gute am jetzigen Zustand?

- Was geben Sie auf?
- Welchen Preis müssen Sie bezahlen, um das Ziel zu erreichen?
- Welches Risiko gehen Sie ein?
- Was ist Ihre Motivation, Ihr Ziel zu erreichen?
- Was hat Sie bisher daran gehindert, Ihr Ziel zu erreichen?
- Was wird Ihr persönlicher Nutzen sein, wenn Sie das Ziel erreicht haben?

6. Welche Hilfen brauchen Sie?

- Welche Möglichkeiten haben Sie jetzt bereits?
- Wer kann Sie unterstützen?
- Welche Ressourcen stehen Ihnen bereits zur Verfügung, um ans Ziel zu kommen?
- Welche Ressourcen sind die wichtigsten?

7. Was steht Ihnen im Weg?

Nennen Sie Gefühle, Überzeugungen, Erinnerungen, Erfahrungen, die Sie abhalten.

8. Was tun Sie zuerst?

Benennen Sie die konkrete erste Handlung, die Sie vornehmen werden.

9. Stellen Sie sich vor, was sich körperlich verändert, wenn Sie das Ziel erreicht haben.

10. Schätzen Sie auf einer Skala von 0 bis 10, wie hoch die Wahrscheinlichkeit ist, dass Sie das Ziel erreichen werden.

Und hier schließt sich der Kreis. Mit allem, was Sie neu lernen oder erfahren nehmen Sie Einfluss auf das, was Sie wollen. Sie können sich eine Meinung bilden und schaffen es dadurch, Ihre Haltung zu verändern. Nehmen Sie nun am besten Ihr schlaues Buch in die Hand und überfliegen Sie einmal die Optionen, die Sie bereits gesammelt haben. Ich bin mir sicher, einige könnten dazu gekommen sein, einige an Wichtigkeit gewonnen haben. Bewerten Sie die Optionen neu und integrieren Sie die neuen Erkenntnisse in Ihren Masterplan. Das Überraschende dabei ist für mich jedes Mal, wie einfach es ist, Entschlüsse zu fassen, wenn ein Thema durchdrungen oder erkannt ist. Je mehr handfeste Erkenntnisse und Wissen entsteht, desto stabiler wird Ihr Vorhaben und umso logischer die Lösung Ihres Problems.

7.
Epilog

Das Leben ist kein Ponyhof. Und genauso wenig ein Wunschkonzert. Wichtig ist nur eines: nämlich, wie es Ihnen gerade geht. Jeder neue Tag ist wie die Stunde null, in der die Chance besteht, das Ruder herumzureißen. Nicht jeder Tag ist gleich, aber jeder Tag hat die gleichen Voraussetzungen für Sie und Ihr Weiterkommen. Nutzen Sie diese Chance und lassen Sie sich nicht beirren. Es kommt nur auf Sie selbst an, auf niemand anderen und nichts anderes. Jede Verbesserungsschleife, die Sie drehen, bringt Sie weiter. Jede Erkenntnis sowieso.

Es geht nicht darum, perfekt zu sein. Es geht nur darum, jeden Tag etwas besser zu sein als am Tag zuvor. Auch, wenn der erste Anlauf nicht gleich das Allheilmittel bringt. So ist das Leben. Aufgeben ist keine Option. Dazulernen schon.

Mich hat neben der Zehnder-Methode Musik über all die Jahre und Ereignisse getragen. Um es mit Bob Marley zu sagen: One good thing about music, when it hits you, you feel no pain. In diesem Sinne: Never stop singing and dancing.

»

One good thing about music, when it hits you, you feel no pain.

Bob Marley (1945–1981), jamaikanischer Sänger

«

Anhang

Übung: Ein Gefühl identifizieren

Erinnern Sie sich an Situationen im Laufe des heutigen Tages, die Sie besonders beschäftigt haben. Konzentrieren Sie sich voll auf diese Situationen und versuchen Sie sich ganz und gar hineinzuversetzen.

Gehen Sie dann die nachfolgende Liste durch und identifizieren Sie die Gefühle, die Sie gerade empfinden.

glücklich	zufrieden	hoffnungsvoll
optimistisch	fröhlich	gut gelaunt
verstanden	heiter	angenommen
geschätzt	dankbar	lebendig
ruhig	entspannt	gelassen
ausgeglichen	kribbelig	aufgeregt
zittrig	gereizt	angespannt
nervös	verkrampft	durcheinander
zerrissen	wohlig	zuversichtlich
sicher	allein	stumpf
lustlos	hoffnungslos	schwermütig
melancholisch	wertlos	wehmütig
depressiv	untauglich	hilflos
leer	apathisch	überflüssig
energiegeladen	stark	mächtig
stolz	kräftig	fähig
mutig	willensstark	leicht
befreit	wertvoll	erfolgreich
entschlossen	verunsichert	ängstlich
einsam	sehnsüchtig	trostlos
unzufrieden	frustriert	ratlos

minderwertig	bedrückt	verzweifelt
überfordert	entmutigt	enttäuscht
weinerlich	traurig	träge
schlaff	energielos	ausgelaugt
machtlos	schwach	genervt
erdrückt	verloren	verwirrt
belastet	erschlagen	gleichmütig
begeistert	beschwingt	zurückgewiesen
behaglich	geborgen	zugehörig
kuschelig	warm	begehrt
verbittert	abscheulich	hasserfüllt
rachsüchtig	wütend	nachtragend
verliebt	verspielt	sinnlich
genüsslich	gierig	maßlos
bescheiden	unbefriedigt	missbraucht
verletzlich	gequält	abgelehnt
verlegen	unverstanden	bewegt
gerührt	gesellig	ärgerlich
ausgenutzt	beherrscht	unfrei
gebunden	verantwortlich	resigniert
trotzig	lustig	freundlich
großzügig	offen	geliebt
vertraut	selbstbewusst	unbeschwert
überschwänglich	übermütig	locker
vergnügt	wild	überdreht
unbeholfen	neidisch	schuldig
benommen	schockiert	überrascht
starr	hingezogen	ausgelassen

Literaturverzeichnis

Biesinger, Rainer (2015): The Fire of Change. Für ein besseres Leben ist es nie zu spät. Gabal, Offenbach am Main.

Bretz, Sukadev Volker (2013): Die Yogaweisheit des Patanjali für Menschen von heute. Via Nova, Petersberg.

Faschingbauer, Michael (2013): Effectuation. Wie erfolgreiche Unternehmer denken, entscheiden und handeln. Schäffer-Poeschel, Stuttgart.

Frädrich, Stefan (2014): Günter, der innere Schweinehund, wird schlank. Ein tierisches Diätbuch. Gabal, Offenbach am Main.

Fromm, Erich (2009): Die Kunst des Liebens. Ullstein, Berlin.

Geffroy, Edgar K., Schulz, Benjamin (2015): Goodbye McK... & Co. Welche Berater wir zukünftig brauchen. Und welche nicht. Gabal, Offenbach am Main.

Grunwald, Martin (2017): Homo hapticus: Warum wir ohne Tastsinn nicht leben können. Droemer Knaur, München.

Harris, Thomas A. (2014): Ich bin ok. Du bist ok. Wie wir uns selbst besser verstehen und unsere Einstellung zu anderen verändern können – Eine Einführung in die Transaktionsanalyse. Rowohlt, Reinbek.

Lindenmeyer, Johannes (2005): Lieber schlau als blau. Entstehung und Behandlung von Alkohol- und Medikamentenabhängigkeit. Beltz, Weinheim.

Malik, Fredmund (2006): Führen, leisten, leben. Wirksames Management für eine neue Zeit. Campus, Frankfurt.

Merkle, Rolf (2008): Ich höre auf, ehrlich! Ein praktischer Ratgeber für Betroffene und Angehörige. PAL, Mannheim.

Meyer, Frank, Dr. med (2013): Burnout. Neue Kraft schöpfen. Gräfe und Unzer, München.

Satir, Virginia (2010): Kommunikation. Selbstwert. Kongruenz. Konzepte und Perspektiven familientherapeutischer Praxis. Junfermann, Paderborn.

Seliger, Ruth (2014): Das Dschungelbuch der Führung. Ein Navigationssystem für Führungskräfte. Carl-Auer, Heidelberg.

Schnarch, David (2016): Intimität und Verlangen: Sexuelle Leidenschaft in dauerhaften Beziehungen. Klett-Cotta, Stuttgart.

Schnarch, David (2007): Die Psychologie sexueller Leidenschaft. Klett-Cotta, Stuttgart.

Schulz von Thun, Friedemann (2014): Miteinander reden 1: Störungen und Klärungen. Allgemeine Psychologie der Kommunikation. Rowohlt, Reinbek.

Schulz von Thun, Friedemann (2014): Miteinander reden 2: Stile, Werte und Persönlichkeitsentwicklung. Differenzielle Psychologie der Kommunikation. Rowohlt, Reinbek.

Schulz von Thun, Friedemann (2014): Miteinander reden 3: Das »innere Team« und situationsgerechte Kommunikation. Kommunikation, Person, Situation. Rowohlt, Reinbek.

Vetter, Brigitte (2007): Sexualität: Störungen, Abweichungen, Transsexualität. Schattauer, Stuttgart.

Willi, Jürg (2012): Die Zweierbeziehung: Das unbewusste Zusammenspiel von Partnern als Kollusion. Rowohlt, Reinbek.

Wilson, James L. (2011): Grundlos erschöpft? Nebennieren-Schwäche – das Stress-Syndrom des 21. Jahrhunderts. Was ist Cortisol-Mangel und wie können wir ihn heilen? Goldmann, München.

Yogi Hari (2007): Hatha Yoga Pradipika. Ursprung und Quelle des Hatha Yoga. Via Nova, Petersberg.

Danke an ...

Michael Wiedeking und Harald Hutzel für die Förderung, Reiner Schmitt und Micha für die vielen anregenden Gespräche, Niklas Heidemann für das Asyl und deine Hilfe, Hans »Rank« Scheuerlein und Martin »Mr. Kiese« Kiesewetter für die musikalische Untermalung, Jana Kaus für bedingungslose Liebe, Martina Arnold für Feedback und deine tolle Arbeit, Dr. Günther Lippler für deine guten Tricks, Frau Dr. Reifegerst und Herrn Dr. Heutelbeck, Martina Wulfert für deine Geduld, Rafaela Leirich für Eis und Gelächter, Basti Kaul fürs Aufmuntern, Carmen Puchinger und Lee Mattke, weil ich immer weiß, wo ich euch finde und an meine bis dato ahnungslose Familie.

Mission Verantwortung

Bernd Kiesewetter
Mission Verantwortung
Weil Erfolg deine Entscheidung ist
1. Auflage 2018

240 Seiten; Hardcover; 24,95 Euro
ISBN 978-3-86980-431-6; Art.-Nr.: 1054

Wir leben in einer Zeit, in der wir fast alles selbst entscheiden dürfen. Doch allzu oft drücken wir uns vor der Verantwortung. Wir lassen es laufen und fühlen uns als Opfer von Sachzwängen oder den Entscheidungen anderer. Ein Umstand der unzufrieden macht und lähmt. Doch wir können etwas dagegen tun: Selbst Entscheidungen treffen und zu diesen stehen. Denn erst ein entschiedenes Leben ist ein gutes Leben.

Doch was heißt eigentlich Verantwortung übernehmen? Was bedeutet es, selbst Entscheidungen zu treffen? Wie gehen wir mit Misserfolgen um?

Die Antworten liefert Kiesewetters Buch. Es rüttelt auf und motiviert, das Heft des Handelns selbst in die Hand zu nehmen und unsere Verantwortung nicht abzuwälzen – in allen Lebensbereichen. Denn erst wenn wir unsere Gestaltungsmöglichkeiten erkennen und bewusste Entscheidungen treffen, die mit unseren Grundprinzipien kohärent sind, können wir Verantwortung tragen und unsere Erfolge genießen. Klug zeigt das Buch die positiven Auswirkungen, wenn wir für andere(s) die Verantwortung übernehmen, aber auch die Ambivalenz zwischen Selbstverantwortung und dem sich »Verantwortlich fühlen« – denn viele Menschen vergessen vor lauter Verantwortlichkeiten sich selbst.

Es ist dein Leben. Es ist deine Verantwortung.

www.BusinessVillage.de

Montags muss ich immer kotzen

Anja Niekerken
Montags muss ich immer kotzen
Erste Hilfe gegen Arbeitsübelkeit
1. Auflage 2018

222 Seiten; Broschur; 19,95 Euro
ISBN 978-3-86980-429-3; Art.-Nr.: 1049

Ständige Erreichbarkeit, Leistungsdruck, immer weniger Zeit und Einheitsbrei lassen uns die Lust an der Arbeit verlieren. Zähneknirschend begraben wir den Glauben an kreative Entfaltung, unsere Selbstwirksamkeit oder gar Ideelles. Denn »Raus aus dem Hamsterrad« oder »Du musst gar nichts«, wie fröhlich propagiert wird, ist leichter gesagt als getan, nicht für jeden die Lösung und für viele klingt es sogar zynisch.

Was ist, wenn der Job schlicht und ergreifend dem Lebensunterhalt dient? Wir uns nicht einfach umorientieren können? Was können wir tun, wenn der Traumjob zum Albtraum geworden ist

Mit »Montags muss ich immer kotzen« liefert Anja Niekerken praktische Hilfe zur Selbsthilfe gegen Arbeitsübelkeit und ihre Folgen. Klar, alltagstauglich und mit beiden Beinen im Machbaren zeigt sie, wie wir unsere Arbeit neu denken können, was unsere Arbeit ausmacht und welche guten Seiten selbst der blödeste Job bietet, ohne dabei die positiven Effekte eines erfüllten Feierabends zu vernachlässigen.

www.BusinessVillage.de